Gestaltung mobiler Interaktionsgeräte

Pierre T. Kirisci

Gestaltung mobiler Interaktionsgeräte

Modellierung für intelligente Produktionsumgebungen

Mit einem Geleitwort von
Prof. Dr.-Ing. habil. Klaus-Dieter Thoben

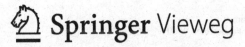

Dr.-Ing. Pierre T. Kirisci
Bremen, Deutschland

Zugl.: Dissertation, Universität Bremen, 2014

ISBN 978-3-658-13246-0   ISBN 978-3-658-13247-7 (eBook)
DOI 10.1007/978-3-658-13247-7

Die Deutsche Nationalbibliothek verzeichnet diese Publikation in der Deutschen National-
bibliografie; detaillierte bibliografische Daten sind im Internet über http://dnb.d-nb.de abrufbar.

Springer Vieweg
© Springer Fachmedien Wiesbaden 2016

Gedruckt auf säurefreiem und chlorfrei gebleichtem Papier

Springer Vieweg ist Teil von Springer Nature
Die eingetragene Gesellschaft ist Springer Fachmedien Wiesbaden GmbH

Geleitwort

Es vollzieht sich ein Paradigmenwechsel von der automatisierten Produktionsumgebung zu der intelligenten Produktionsumgebung. Letztere ist nicht nur
durch die vollständige Vernetzung von Produktionsressourcen geprägt, sondern
auch durch das Entstehen neuer Interaktionsmöglichkeiten und Kooperationsan-
forderungen zwischen Menschen und Technologie. Wie müssen in einem intelligenten Produktionsumfeld Benutzungsschnittstellen beschaffen sein, um eine
kontextgerechte Interaktion zwischen Mensch und Technik zu ermöglichen? Die
Antwort auf diese Frage lässt sich aufgrund der Komplexität des Zusammen-
spiels von Technologien, Prozessen und organisatorischen Rahmenbedingungen
nur schwer beantworten. So wie sich die Produkteigenschaften in intelligenten Umgebungen ändern, werden sich neue Werkzeuge und Techniken heraus-
bilden, die die Produktentwicklung und -gestaltung kontextorientiert unterstützen. Gerade die Nutzung von Kontextinformationen in der Produktentwicklung
und -nutzung wird in Zukunft eine immer wichtigere Rolle spielen. Die vorliegende Dissertation geht dieser Forschungsfrage vor dem Hintergrund mobiler
Arbeitssituationen in intelligenten Produktionsumgebungen nach. Insofern ver-
folgt der Autor dieser Arbeit den Ansatz, dass durch die Abstraktion und regel-
basierte Verknüpfung von Kontext die Komplexität und Diversität intelligenter
Produktionsumgebungen erheblich heruntergebrochen werden kann. Diese Modellinformationen können im Gestaltungsprozess mobiler Interaktionsgeräte,
d.h. von Benutzungsschnittstellen wie mobiler Eingabe-, Ausgabe- und Kommunikationsgeräte, genutzt werden, um facettenreiche Gestaltungsempfehlungen
zu erhalten. Vor diesem Hintergrund leistet die Dissertation einen wertvollen
Beitrag zur Erweiterung des Spektrums modellbasierter Methoden zur Benutzungsschnittstellengestaltung, um die Mensch-Technik-Interaktion in zukünftigen Produktionsumfeldern zu fördern. Angesichts dieses Fokus positioniert sich
die Dissertation als ingenieurswissenschaftliche Arbeit mit Schnittmengen zur
Informatik. Das vorliegende Buch ist somit Wissenschaftlern und Studenten der
Ingenieurswissenschaften und Informatik mit besonderem Fokus auf Mensch-
Technik-Interaktion zu empfehlen.

Prof. Dr.-Ing. habil. Klaus-Dieter Thoben

Vorwort

Die vorliegende Arbeit entstand während meiner Tätigkeit als wissenschaftlicher Mitarbeiter am Bremer Institut für Produktion und Logistik GmbH (BIBA) an der Universität Bremen. Im Rahmen dieser Tätigkeit hatte ich die Möglichkeit, mein Thema weiter zu entwickeln und meine Ansätze auf diversen Konferenzen vorzutragen sowie mit einem internationalen Fachpublikum zu diskutieren. Die Arbeit wurde als Dissertation an der Universität Bremen beim Promotionsausschuss des Fachbereichs 4, Produktionstechnik, angenommen.

Die Erstellung dieser Arbeit war für mich eine Herausforderung und persönlich bereichernde Erfahrung zugleich. Den zahlreichen Personen, die mich in vielfältiger Art und Weise während der Promotionszeit unterstützt haben, möchte ich an dieser Stelle ganz herzlich danken.

Mein persönlicher Dank gilt zunächst meinem Doktorvater, Prof. Dr.-Ing. habil. Klaus-Dieter Thoben, für seine hervorragende Unterstützung und sein persönliches Engagement bei der Betreuung dieser Arbeit. Durch seine konstruktiven Anmerkungen und Hinweise sowie nicht zuletzt seine jederzeitige Diskussionsbereitschaft hat er entscheidend zum Gelingen meiner Arbeit beigetragen. Ebenfalls herzlich bedanken möchte ich mich bei Herrn Prof. Dr.-Ing. habil. Michael Lawo für die freundliche Übernahme des Zweitgutachtens, aber vor allem für die fachlichen Diskussionen und außerfachlichen Gespräche mit vielen wertvollen Ratschlägen. Danken möchte ich ebenfalls Herrn Prof. Dr.-Ing. Dieter H. Müller und Dr.-Ing. Carl Hans für ihre spontane Mitwirkung in der Prüfungskommission und für ihr Interesse an meiner Arbeit.

Ein herzlicher Dank gebührt weiterhin meinen Kollegen und Freunden am BIBA und von der Universität Bremen für die zahlreichen motivierenden Diskussionen über meine Arbeit. Weiterhin danke ich Dr.-Ing. Markus Modzelewski für seine Unterstützung aus softwaretechnischer Sicht und Dr.-Ing. Nicole Pfeffermann für ihre wertvollen Ratschläge in der Evaluationsphase.

Auch die studentischen Hilfskräfte haben durch Ihre studentischen Arbeiten ihren Teil zum Gelingen der Arbeit beigetragen – hierfür an alle ein herzliches Dankeschön!

Schließlich danke ich meiner Ehefrau Selda und meinen Kindern Baha und Berra für ihre Liebe und ihre Geduld. Ohne die moralische Unterstützung meiner Familie wäre mir die Fertigstellung der Arbeit sicherlich schwerer gefallen.

Dr.-Ing. Pierre Taner Kirisci

Inhaltsverzeichnis

Abbildungsverzeichnis

Tabellenverzeichnis

1 Einführung

Zeitgemäße Produkte sind nicht länger „passive Objekte", sondern entwickeln sich zunehmend zu interaktiven Produkten mit erweiterten Fähigkeiten [Buxton 2010, S. 10]. Um erfolgreich mit dieser neuen Klasse von Produkten interagieren zu können, müssen maßgeschneiderte mobile Interaktionsgeräte realisiert werden, die über die Fähigkeiten heutiger mobiler Endgeräte hinausgehen. Neben der Tendenz zu erweiterten Fähigkeiten von Produkten und mobilen Interaktionsgeräten, wird sich auch die Art und Weise wie mobile Interaktionsgeräte gestaltet werden in Zukunft ändern [Holman u. a. 2013, S. 133]. Hier sind vor allem um Methoden und Werkzeuge relevant, die die Gestaltung mobiler Interaktionsgeräte für zukünftige Produktionsumgebungen unterstützen. Folglich liegt eine wesentliche Herausforderung in der angemessenen Gestaltung dieser mobilen Interaktionsgeräte.

Heutige Gestaltungsmethoden eignen sich hierfür nur bedingt, da diese eher für die Gestaltung passiver, nicht-interaktiver Produkte ausgelegt sind und nicht hinreichend die Gestaltungsherausforderungen intelligenter Umgebungen adressieren [Buxton 2010, S.12]. Zu den Gestaltungsherausforderungen gehören beispielsweise die Berücksichtigung neuer Interaktionskonzepte in intelligenten Umgebungen und die vollständige Einbeziehung von Nutzeranforderungen im Gestaltungsprozess.

Vor diesem Hintergrund beschäftigt sich die vorliegende Arbeit mit der Thematik der Gestaltung mobiler Interaktionsgeräte für intelligente Produktionsumgebungen mit dem Ziel eine Methode zu entwickeln zur Unterstützung der Gestaltung mobiler Interaktionsgeräte in den frühen Phasen der Produktentwicklung.

1.1 Motivation

"Design is directed toward human beings. To design is to solve human problems by identifying them and executing the best solution" (Ivan Chermayeff)

Im Zuge der zunehmenden Einbettung von Informations- und Kommunikationstechnologien in intelligenten Produktionsumgebungen erhalten Objekte, wie Maschinen, Produktionsanlagen, Steuerungsgeräte, Produkte und Fahrzeuge oder Robotersysteme erweiterte technische Fähigkeiten, die im Zusammenspiel mit mobilen Interaktionsgeräten zu weiteren Möglichkeiten der Interaktion und einer dezentralen Visualisierung von Produktionsdaten führen. Zu weiteren Möglichkeiten der Interaktion gehören beispielsweise multimodale Interaktionsmöglichkeiten, wo eine Kombination zusätzlicher Interaktionskanäle (akustisch, haptisch, visuell, taktil) zum Einsatz kommen. Wie in Abbildung 1 verdeutlicht, sind mobile Interaktionsgeräte intermediäre physische Benutzungsschnittstellen zwischen dem menschlichen Akteur und den Objekten der Umgebung. Sie unterstützen Akteure bei der Bewältigung ihrer Aufgaben.

In dem Raum um den Menschen in Abbildung 1 sind mögliche Aufgaben aufgelistet, wo eine Unterstützung durch mobile Interaktionsgeräte prinzipiell denkbar wäre. Die in Abbildung 1 genannten Aufgaben stellen Serviceprozesse im engeren Sinne dar. Bei Serviceprozessen handelt es sich um präventive Maßnahmen oder um Tätigkeiten zur Fehlerbehebung, welche durchgeführt werden um den Produktionsprozess zu unterstützen [Birkhahn 2007, S.19]. Ferner zeichnen sich Serviceprozesse durch Aktivitäten aus, die ein erhöhtes Maß an Bewegungsfreiheit involvierter Akteure voraussetzen und selten an nur einem Ort gebunden sind [Zängler 2000, S.24]. Folglich müssen mobile Interaktionsgeräte im Rahmen von Serviceprozessen eine Vielzahl technischer Anforderungen erfüllen, da sie an verschiedenen Orten und in unterschiedlichen Situationen eingesetzt werden [Wittenberg 2004, S.136]. Zum Beispiel müssen diese in der Lage sein, sich nahtlos in die technische Umgebung und in die Tätigkeit des Akteurs zu integrieren. Wenn konventionelle Interaktionsgeräte wie Tastatur, Maus, Display oder ein Notebook, alleine eingesetzt, nur bedingt diese Anforderungen erfüllen bedarf es in intelligenten Produktionsumgebungen einer geeigneten

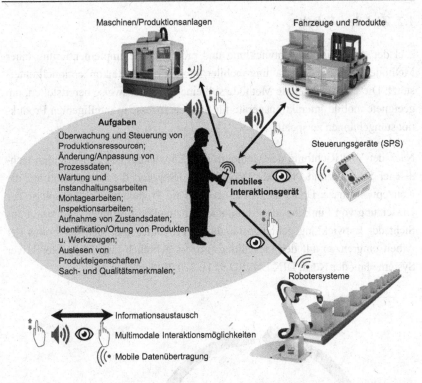

Abbildung 1: Interaktion und Informationsaustausch in einer intelligenten Produktionsumgebung

Kombination oder neuen Ausprägung mobiler Interaktionsgeräte mit erweiterten Fähigkeiten, die den Anwender in seiner eigentlichen Tätigkeit auf angemessene Weise unterstützen. Grundsätzlich ist eine Aufgabenangemessenheit gegeben, wenn Kriterien der Dialoggestaltung zwischen Mensch und Maschine erfüllt sind laut der Norm ISO 9241-110 (Grundsätze der Dialoggestaltung). Um dies sicherzustellen, müssen bereits bei der Gestaltung mobiler Interaktionsgeräte die Aufgaben des Nutzers vollständig berücksichtigt werden, damit diese mit den Eigenschaften mobiler Interaktionsgeräte verknüpft werden können.

1.2 Ziel der Arbeit

Ziel der Arbeit ist die Entwicklung und prototypische Implementierung einer Methode, welche die Gestaltung mobiler Interaktionsgeräte konzeptionell unterstützt. Die zu entwickelnde Methode soll eine Vorgehensweise bereitstellen, um geeignete mobile Interaktionsgeräte für Serviceprozesse in intelligenten Produktionsumgebungen zu spezifizieren.

Nach der VDI Richtlinie der Methodik zum Entwickeln und Konstruieren technischer Systeme und Produkte (VDI 2221), fokussiert die Dissertation auf die Konzeptionsphase. Dabei handelt es sich um die Produktentwicklungsphase zur Umsetzung von Funktionsstrukturen und prinzipiellen Lösungen. Weiterhin aus Sicht der Entwicklung gebrauchstauglicher Produkte, lässt sich der Fokus der Arbeit eingrenzen auf den Gestaltungsprozess gebrauchstauglicher interaktiver Systeme laut der Norm DIN EN ISO 9241-210:2011.

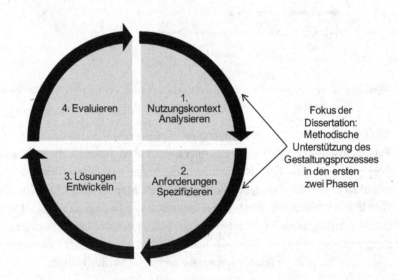

Abbildung 2:   Einordnung der Dissertation in den Prozess gebrauchstauglicher interaktiver Systeme laut der Norm DIN EN ISO 9241-210:2011

Wie in Abbildung 2 hervorgehoben reflektiert dies die methodische Unterstützung der ersten beiden Phasen des Gestaltungsprozesses „Nutzungskontext Analysieren" und „Anforderungen Spezifizieren". Abbildung 3 verdeutlicht das Hauptziel und die damit verbundenen Teilziele der Dissertation. Das Hauptziel stellt die Entwicklung der Gestaltungsmethode dar. Dies entspricht der Umsetzung einer planmäßigen Vorgehensweise zur Gestaltung mobiler Interaktionsgeräte. Die Teilziele schließen vor allem die Entwicklung eines Kontextmodells und eines Modellierungswerkzeuges ein, welche gleichzeitig notwendige Bestandteile der Gestaltungsmethode sind.

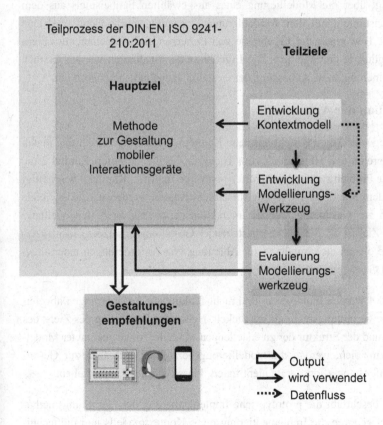

Abbildung 3: Hauptziel und Teilziele der Dissertation

Mit Hilfe des Kontextmodells, und unter der Hinzuziehung einer geeigneten Modellierungstechnik, wird die prototypische Implementierung der Gestaltungsmethode realisiert. Auf diese Weise werden Gestaltungsempfehlungen für mobile Interaktionsgeräte bezüglich eines spezifischen Arbeitskontextes abgeleitet. Die Gestaltungsempfehlungen können als Input für den weiteren Gestaltungsprozess, d.h. für die Prototypengestaltung laut DIN EN ISO 9241-210:2011 dienen.

Die Evaluation der Gestaltungsmethode ist ein weiteres Teilziel der Dissertation, und erfolgt über die Modellierung eines ausgewählten Fallbeispiels aus dem Produktionsumfeld mit dem Modellierungswerkzeug. Anschließend wird eine qualitative Bewertung der Ergebnisse von Benutzungsschnittstellenentwicklern aus der Industrie durchgeführt. Die Ergebnisse der Evaluation werden letztlich zur Verfeinerung, bzw. Anpassung der Gestaltungsmethode herangezogen.

1.3 Aufbau der Arbeit

Die vorliegende Arbeit besteht aus neun Kapiteln. Nach einer Einführung in den Themenbereich und Hinführung zum Thema in Kapitel 1, liefert Kapitel 2 die detaillierte Problemstellung und erörtert relevante Begriffe. Kapitel 3 beschäftigt sich mit dem Stand der Forschung. In diesem Kapitel werden u.a. existierende Methoden zur Gestaltung mobiler Interaktionsgeräte analysiert und qualitativ bewertet. Ziel ist es, die Lücken bestehender Gestaltungsansätze zu identifizieren. Diese dienen als Grundlage zur Ableitung von Anforderungen einer angemessenen Gestaltungsmethode.

In Kapitel 4 werden funktionale- und nicht-funktionale Anforderungen abgeleitet und die Gestaltungsmethode entwickelt. Neben der Festlegung des Ziels, des Umfangs und der Struktur der zu erstellenden Modelle, sowie geeigneter Modellierungsprinzipien, werden die modellierungsbezogenen Aufgaben zur Gestaltung mobiler Interaktionsgeräte identifiziert, klassifiziert und beschrieben.

Kapitel 5 beschreibt die prototypische Implementierung der Gestaltungsmethode. Hierzu gehören die Implementierung eines Kontextmodells und die technische Realisierung eines Modellierungswerkzeuges zur Erzeugung spezifischer Teil-Modelle auf Basis einer Konfiguration des Kontextmodells.

Die Evaluation der Methode erfolgt in Kapitel 6. Diese wird anhand der Anwendung des in Kapitel 5 entwickelten prototypischen Modellierungswerkzeuges realisiert. Als Grundlage wird exemplarisch eine repräsentative Arbeitssituation aus dem Produktionsumfeld als ein Fallbeispiel modelliert und eine qualitative Bewertung der Resultate durch ausgewählte Unternehmen durchgeführt. Die erzielten Ergebnisse der Evaluation werden direkt verwendet um die Methode in ihren Ausprägungen zu verfeinern.

Kapitel 7 liefert eine Zusammenfassung der Ergebnisse. Als Abschluss der Arbeit wird ein Ausblick der Ergebnisse auf die praktische Anwendbarkeit und Weiterentwicklung der Gestaltungsmethode gegeben.

Ergänzt wird die Arbeit durch ein Literaturverzeichnis (Kapitel 8) und einen Anhang (Kapitel 9). Der Anhang enthält eine Übersicht des Aufgabenkataloges für Instandhaltung, sowie den Online-Fragebogen und die Ergebnisse der Evaluation. Abschließend sind die in der Dissertation eingeflossenen studentischen Arbeiten aufgeführt. (Diplomarbeiten und Studienarbeiten).

2 Problemstellung

"Design is a response to a specific problem. You are given a problem to solve, and then you let the problem itself tell you what your solution is". (Chip Kidd)

Mobile Interaktionsgeräte werden nur bedingt im Einklang mit den Anforderungen des Anwenders und den Besonderheiten seiner Arbeitsumgebung entwickelt [Rügge 2007, S.3]. Zu diesen Anforderungen und Besonderheiten gehören alle Aspekte des Anwenders und seiner Umgebung, die einen direkten oder indirekten Einfluss auf die technischen Eigenschaften eines mobilen Interaktionsgerätes haben können. Explizit schließt der Kontext „Aufgaben", „Rollen" und „Interaktionen" des Anwenders, aber auch die technische Beschaffenheit beteiligter Objekte, physikalische Umgebungsbedingungen, und Informations- und Kommunikationsinfrastrukturen in der Arbeitsumgebung ein. Aufgrund der Vielfalt, der örtlichen Verteilung und der Unvorhersehbarkeit der Situationen bei Serviceprozessen in heutigen Produktionsumgebungen, entsteht eine Dynamik und Komplexität, die von Entwicklern technischer Systeme schwer systematisch zu erfassen sind [Kirisci und Thoben 2008, S.248]. In der nächsten Generation von Produktionsumgebungen kommt hinzu, dass neue Möglichkeiten der Interaktion zwischen menschlichen Akteuren und ihrer Arbeitsumgebung entstehen [Kirisci, Kluge, u. a. 2011]. Heutige mobile Interaktionsgeräte unterstützen diese nur bedingt ganzheitlich. Eine Möglichkeit zur Bedienung dieser Herausforderung ist die Einführung mobiler Interaktionsgeräte, die den Kontext berücksichtigen und die neuen Möglichkeiten der Interaktion angemessen unterstützen. Dies kann nur dann sichergestellt werden, wenn mobile Interaktionsgeräte bereits frühzeitig unter der Einbeziehung des Kontextes spezifiziert und realisiert werden. Verwendet man den benutzerzentrischen Gestaltungsprozess nach DIN EN ISO 9241-210:2011 um den Kontext einzubeziehen, dann stellt man fest, dass dieser lediglich den groben Gestaltungsrahmen vorgibt, aber nicht auf die einzelnen evolutionären Stufen des zu entwickelnden Produktes eingeht. Es fehlen vor allem geeignete Techniken und Werkzeuge, die sicherstellen, dass der potenzielle Kontext einer Produktionsumgebung bereitgestellt und im Gestaltungsprozess effizient genutzt wird. Die Bedeutung von Werkzeugen, welche den Gestaltungsprozess mobiler Interaktionsgeräte in einer frühen Phase unterstützen wurde bereits in [Davidoff 2005] erkannt.

Vor diesem Hintergrund wird in dieser Arbeit die Ansicht vertreten, dass eine Methode zur frühzeitigen Unterstützung des Gestaltungsprozesses mobiler Interaktionsgeräte für intelligente Produktionsumgebungen notwendig ist, wenn es das Ziel ist angemessene mobile Interaktionsgeräte für intelligente Produktionsumgebungen umzusetzen. Die Gestaltungsmethode sollte allerdings nicht nur deklarativ sein, sondern auch Techniken und Werkzeuge bereitstellen, die in der Lage sind, alle relevanten Aspekte einer intelligenten Produktionsumgebung zu modellieren und miteinander zu verknüpfen. Die Modellierung der Aspekte einer intelligenten Produktionsumgebung ist erforderlich um die Eigenschaften einer intelligenten Produktionsumgebung hinreichend zu beschreiben. Diese wiederum hat einen Einfluss auf die Eigenschaften der einzusetzenden mobilen Interaktionsgeräte. Vor dem Hintergrund der Konfiguration verschiedener Arbeitssituationen, stellt die logische Verknüpfung der Aspekte einer intelligenten Produktionsumgebung die Grundlage dar um angemessene Gestaltungsempfehlungen zu erhalten.

2.1 Detaillierte Problembeschreibung

Serviceprozesse in intelligenten Produktionsumgebungen sind dynamische Prozesse, die von einer Vielzahl örtlich verteilter Tätigkeiten geprägt sind [Kirisci, Kluge, u. a. 2011]. Da durch das Vorhandensein ubiquitärer Technologien neue Möglichkeiten der Interaktion entstehen, können Serviceprozesse eine hohe Komplexität erreichen. Diese neuen Interaktionsmöglichkeiten gilt es bei der Konzeption mobiler Interaktionsgeräte vollständig zu berücksichtigen [Luyten et al. 2005]. Ohne unterstützende Methoden und Werkzeuge, ist es nicht praktikabel im Entwurfsprozess sämtliche Aspekte der Arbeitssituation zu berücksichtigen. Folglich existiert ein Bedarf an Methoden, welche die Konzeption mobiler Hardwarekomponenten zu den verschiedenen Gestaltungsphasen unterstützen.

Dies trifft insbesondere in den frühen Gestaltungsphasen zu [Davidoff 2005]. Wie in Kapitel 1.2 angesprochen, konzentriert sich die Methodenentwicklung in dieser Arbeit auf die Unterstützung der frühen Gestaltungsphasen, d.h. der ersten beiden Phasen des benutzerzentrischen Gestaltungsprozesses laut der DIN EN ISO 9241-210:2011. Dies entspricht der Tätigkeits- und Benutzeranalyse. Insbesondere in diesen frühen Phasen der Produktentwicklung herrscht ein Defizit an Werkzeugen und Modellen, die eine vollständige und hinreichende Dokumentation, Analyse und Kommunikation des Kontextes komplexer Arbeitssituationen ermöglichen.

Im Hinblick auf die Notwendigkeit eines Modells, das den Kontext einer intelligenten Produktionsumgebung beschreibt, ist noch nicht hinreichend untersucht, welche konstituierenden Elemente den Kontext einer intelligenten Produktionsumgebung ausmachen [Kirisci und Thoben 2008]. Vor allem nach welchen Kriterien und Regeln die Modellelemente miteinander zu verknüpfen sind, damit dem Produktentwickler Gestaltungsempfehlungen für mobile Interaktionsgeräte vorgeschlagen werden, stellt eine wesentliche Herausforderung dar. In Anknüpfung hieran lässt sich eine Analogie zu dem „Mapping Problem" (Verknüpfungsproblem) innerhalb der modellbasierten Entwicklung von Software Benutzungsschnittstellen herstellen [Clerckx et al. 2004, S.34]. Innerhalb dieser Domäne wird das Mapping Problem als die Menge der Transformationsregeln angesehen, die notwendig sind, um von einem abstrakten Modell auf ein konkretes Modell zu kommen. Ein abstraktes Modell kann dabei die Repräsentation der Aufgabe oder des Anwenders sein, wobei ein konkretes Modell die Zielplattform repräsentiert. Das Mapping Problem entstammt ursprünglich der Modalitätstheorie und wurde von Bernsen als „General Information Mapping Problem" bezeichnet [Bernsen 1994, S.35]: *„Für jede Information, die zwischen einem Anwender und einem System während der Ausführung einer Aufgabe ausgetauscht wird, sind die Eingabe- und Ausgabemodalitäten zu identifizieren, die eine optimale Lösung für die Repräsentation und des Austauschs dieser Information bieten".* Diese Aussage kann in der Hinsicht interpretiert werden, dass die technischen Funktionalitäten mobiler Interaktionsgeräte mit dem Kontext der Arbeitssituation (Aufgaben, Interaktionen, Umgebungsbedingungen, usw.) im Einklang stehen. Anknüpfend an die Problembeschreibung, geht das nächste Unterkapitel auf die wichtigsten Begriffe der Dissertation ein.

2.2 Begriffsbestimmung und Definitionen

In diesem Kapitel werden für das weitere Verständnis der Arbeit notwendige Begriffe und Grundlagen eingeführt.

Kontext und Kontextinformationen

Es existieren verschiedene Definitionen des Begriffs „Kontext" in der Literatur. Diese sind teilweise sehr spezifisch, da sie von dem individuellen Fokus der jeweiligen Forscher geprägt sind. Einige Definitionen, die vorgeschlagen wurden, gründen sich auf Beispielen oder Synonymen. Die anerkanntesten Definitionen gehen auf Chen, Dey und Schilit, zurück [Chen & Kotz 2000; Dey 1999; Schilit u. a. 1994]. Dey und Abowd haben eine systematische Untersuchung von Kontext durchgeführt, wobei sie die anerkanntesten Sichtweisen und Definitionen zu Kontext berücksichtigt haben. In [Dey und Abowd 1999, S.306] definieren sie Kontext als: *"Context is any information that can be used to characterize the situation of an entity. An entity is a person, place, or object that is considered relevant to the interaction between a user and an application, including the user and application themselves"*. Die Absicht von Dey et al. war es, eine allgemeine, zu jedem denkbaren Umfeld passende Definition bereitzustellen. Weitere Definitionen von Kontext benutzen Synonyme, wie „Umgebung" oder „Situation".

In der vorliegenden Arbeit wird die Definition von Hull et al. herangezogen, da sich diese nicht nur auf Informationen bezieht, sondern auch weitere Aspekte einschließt. Hull definiert Kontext als: *„Aspekte der aktuellen Situation"* [Hull et al. 1997, S.147]. Da der Fokus der Dissertation auf Kontext in Produktionsumgebungen liegt, wird Kontext folgendermaßen definiert: *Kontext beschreibt die Aspekte der aktuellen Situation des Anwenders in einer Produktionsumgebung"*. Wenn davon ausgegangen wird, dass sich Kontext aus Informationen zusammensetzt, können diese Informationen als „Kontextinformationen" bezeichnet werden. Hull's Definition stellt des Weiteren den Ausgangspunkt zur Erarbeitung eines für diese Arbeit gültigen Kategorisierungsschemata dar.

Methode und Modellierung

Unter einer Methode ein planmäßiges angewandtes Verfahren zur Erreichung eines festgelegten Ziels verstanden [vgl. Müller 1990, S. 17]. Die Modellierung ist ein Vorgang, bei dem ein Modellierer, der einen Sachverhalt in der realen oder gedachten Welt wahrnimmt, ein Abbild dieses Sachverhaltes mit Hilfe geeigneter Modelle konstruiert. Das heißt, es wird ein Prozess beschrieben, der auf einem Modell beruht, mit dessen Hilfe Schritt für Schritt – von den abstrakteren bis hinunter zu den konkreteren Ebenen – Anforderungen, Architektur, Spezifikation der konkreten Softwaremodule oder Hardwarekomponenten erfasst werden. Dabei ist ein Modell ein immaterielles Abbild der realen Welt für Zwecke eines Subjekts [Becker et al. 1995, S.435].

Eine Methode zur Modellierung bzw. eine Modellierungsmethode legt die im Rahmen der entsprechenden Entwicklungsphase zu erstellenden Modelle des betrachteten Gegenstandsbereiches fest, und definiert logische (und zeitliche) Abhängigkeiten zwischen diesen. In Anlehnung an John und Holten, beinhaltet eine Modellierungsmethode folgende Schritte [John 2000; Holton 2000]:

1 Zusammenstellung eines interdisziplinären Modellierungsteams,
2 Definition von Ziel, Umfang und Struktur des zu entwickelnden Modells,
3 Festlegung geeigneter Modellierungsprinzipien (z.B. Sprachen und Werkzeuge),
4 Validierung und Integration von Teilmodellen,
5 Abbildung des zu modellierenden Gegenstandsbereichs, dessen Attribute Abhängigkeiten, unter Berücksichtigung von Regen und Funktionen,
6 Validierung und Implementierung des Gesamtmodells

Technik und Werkzeug

Der Rahmen, den eine Methode definiert, umfasst die Beschreibung der zu verwendenden Techniken als konstituierende Elemente der Methode. In der Literatur wird oft auf die Schwierigkeiten der begrifflichen Unterscheidung von Technik und Methode hingewiesen [Balzert 1996], [Weber 2007]. Im Rahmen dieser Arbeit werden die Begriffe „Methode" und „Technik" voneinander abgegrenzt.

So kann es in einer Methode, während der einzelnen Phasen des Entwicklungsprozesses nützlich sein, sich weiterer „Methoden" als Hilfsmittel zu bedienen.
Diese Methoden werden als „Techniken" oder als „Modellierungstechniken" bezeichnet. Eine Modellierungstechnik umfasst wesentliche Aspekte einer Sprache, in der das Modell zu formulieren ist, sowie eine Handlungsanweisung, die
angibt, wie unter Verwendung dieser Sprache ein Modell zu erstellen ist. Holton
bezeichnet eine Technik als einen operationalisierten Ansatz zur Modellerstel-
lung [Holton 2000, S.6]. Nach John, besteht eine Modellierungstechnik aus einer
methodischen Vorgehensweise, einer formalen Modellierungssprache, und unterstützende „Softwarewerkzeuge" [John 2000].

Nach Weber ist ein Werkzeug ein Hilfsmittel, das eine optimierte und vielfach
auch automatisierte Anwendung einer Methode oder einer Technik unterstützt
[Weber 2007, S.45]. Es liefert z. B. Unterstützung bei der Datenerhebung, Analyse und Berechnung, Simulation, Visualisierung und Präsentation oder Dokumentation und Speicherung der Methodenschritte oder -ergebnisse. Die wichtigste Gruppe von Werkzeugen sind die Softwarewerkzeuge. Daneben gelten
aber auch Fragebögen, Formblätter, Checklisten, Metaplankoffer und Schu-
lungsunterlagen als Werkzeuge [Weber 2007, S.45].

Intelligente Objekte

In der Literatur existieren verschiedene Begriffe mit unterschiedlichen Definitionen zum Themengebiet „intelligente Objekte". Die Begriffe „intelligent" und
„smart" werden in ähnlicher Bedeutung verwendet.

Laut [Fleisch und Mattern 2005] sind intelligente Objekte, hybride Objekte, die
aus einer physikalischen (Atome) und einer datenverarbeitenden (Bits) Komponente bestehen. Mattern verwendet den Begriff „Smart Objects", als Dinge, die
sich durch eine Speicherfunktionalität, ein kontextorientiertes Verhalten, und die
Fähigkeit zu kommunizieren auszeichnen [Mattern 2010].

Der Daten verarbeitende Teil eines „intelligenten Objektes" verbirgt sich im
Hintergrund, das heißt er wird vom Nutzer nicht offensichtlich wahrgenommen.
Mittels der Daten verarbeitenden Komponente wird die Lücke zwischen realer

und digitaler Welt geschlossen, indem Daten des „intelligenten Objektes" direkt in Informationssysteme übertragen werden und damit manuelle Eingaben vermieden werden.

In dieser Arbeit werden „intelligente Objekte" *als Instanzen definiert, die neben ihrer eigentlichen Funktion, die technische Fähigkeit besitzen müssen Daten zu erfassen, zu speichern, zu verarbeiten und zu kommunizieren.* Intelligente Objekte bilden die Grundlage für „intelligente Produktion" und „intelligente Produktionsumgebungen", welche im nachfolgenden Kapitel erläutert werden.

Intelligente Produktion und intelligente Produktionsumgebungen

Das Konzept der „intelligenten Produktion" bezeichnet ein Produktionskonzept einer umfassend wertschöpfungsorientierten Prozessgestaltung mit einem integrierten, zeitnahen Informationsmanagement von der Planung bis zur Ergebnisdokumentation, unter Einbeziehung ubiquitärer Technologien [Birkhahn 2007].

Westkämper, Bauer und Jendoubi benutzen zur Umschreibung einer intelligent Produktionsumgebung in ihren Veröffentlichungen den Begriff „Smart Factory". In [Bauer 2003], [Westkämper und Jendoubi 2003] schreiben sie, dass das Ziel einer „Smart Factory" darin besteht, ein transparentes, optimiertes Produktionsressourcenmanagement zu realisieren, in dem hochdynamische Sensorinformationen in ein kontextbezogenes Umgebungsmodell integriert werden. Lucke et. al. definiert „Smart Factory" als eine Fabrik, die Menschen und Maschinen in der Ausführung ihrer Aufgaben kontextbezogen unterstützt [Lucke u. a. 2008]. Kontextbezogen bedeutet, dass Informationen, welche ein Fabrikobjekt charakterisieren und die Zusammenhänge, wie der derzeitige Ort oder Zustand, in der Informationsbereitstellung berücksichtigt werden können. Ein Fabrikobjekt kann dabei jedes Objekt in einer Fabrik sein wie beispielsweise die Produkte, die Ressourcen, die Prozesse und Aufträge [Westkämper u. a. 2013, S. 254]. Abbildung 4 verdeutlicht das Konzept und den Informationsaustausch in einer Smart Factory in Anlehnung an Westkämper [vgl. Westkämper u. a. 2013, S. 255]. Es wird zwischen der physischen Welt und der digitalen Welt unterschieden. Zu der physischen Welt gehören der Mensch, physische Benutzungsschnittstellen, hochmobile Ressourcen (z.B. Fahrzeuge und Werkzeuge) und niedrigmobile Ressourcen (z.B. Maschinen/Anlagen, etc.). Zu der digitalen Welt gehören die

virtuellen Informationsressourcen, die aus den PLM (Produktlebenszyklusma-
nagement) /PDM (Produktdatenmanagement) und ERP (Enterprise Ressource
Planning) /MES (Manufacturing Execution System) Systemen bestehen. Sämtliche Ressourcen der physischen und der digitalen Welt übermitteln Informationen mit Hilfe unterstützender Technologien an eine Middleware, die einen Datenaustausch mit einem übergeordneten Informationsmodell - dem Umgebungsmodell der „Smart Factory" durchführt. Somit wird auf die dezenral, verteilten
Informationen über eine gemeinsame, zentrale Schnittstelle zugegriffen. Unterstützende Technologien sind u.a. Navigations- und Positionierungssysteme,
Transponder, und drahtlose Kommunikationstechnologien [Lucke et al. 2008].

Berger sieht intelligente Produktionsumgebungen in unmittelbarer Beziehung zu
drei Trends der Informationstechnologie [Berger et al. 2005]. Neben der Einbettung von Sensoren, Aktuatoren, und Mikroprozessoren in unterschiedliche Objekte der Umgebung, setzt Berger zwei weitere Aspekte voraus, nämlich die
Einbeziehung der kontextadäquaten Informationen und die Integration agenten-
orientierter Systeme.

Pohlmann und Zühlke hingegen sprechen von der „intelligenten Fabrik der Zukunft", und beschreiben diese durch das Vorhandensein folgender Eigenschaften
[Pohlmann 2005]:

• Flexibel: ist beliebig modifizierbar und erweiterbar
• Vernetzt: verbindet Komponenten verschiedener Hersteller
• Selbstorganisierend: ermöglicht ihren Komponenten, kontextbezogene Auf-
  gaben selbstständig zu übernehmen
• Nutzerorientiert: legt Wert auf die Nutzerfreundlichkeit der Systeme

Damit menschliche Akteure in intelligenten Umgebungen handlungsfähig sind
bzw. das Potenzial vorhandener Möglichkeiten vollständig erschließen können,
werden als intermediäre Einheiten zwischen dem Menschen und seiner Umgebung, „mobile Interaktionsgeräte benötigt. Das nächste Unterkapitel trägt zum
besseren Verständnis des Begriffs „mobile Interaktionsgeräte" und deren Notwendigkeit für intelligente Produktionsumgebungen bei.

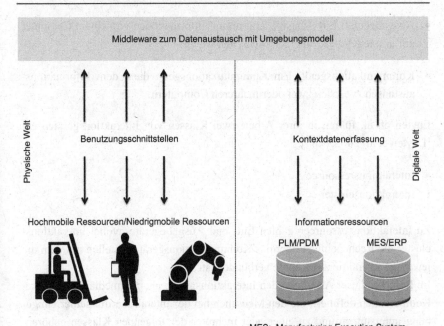

Abbildung 4: Konzept und Informationsaustausch in einer Smart Factory

Interaktionsgeräte und mobile Interaktionsgeräte

Ein Interaktionsgerät kennzeichnet sich durch die Möglichkeit zur Interaktion mit seiner Umgebung. Laut Hinckley, wird ein Gerät dann zu einem Interaktionsgerät, wenn es zu einer der folgenden Klassen gehört [Hinckley 2003]:

- Eingabegerät: Ein Eingabegerät nimmt Informationen von einem Menschen auf und leitet diese an einen Computer weiter. Ein Sonderfall der Eingabegeräte stellen Sensoren dar. Ein Sensor ist in der Lage, seine Umgebung wahrzunehmen und kann somit mit ihr interagieren. Zu dieser Klasse gehören u.a. physikalische Sensoren und Positionierungssysteme.

- Ausgabegerät: Ein Ausgabegerät nimmt Informationen von einem Computer auf und leitet diese an einen Menschen weiter.

- Kommunikationsgerät: Ein Kommunikationsgerät dient dem Informations-austausch zwischen zwei oder mehreren Computern.

Luyten et. al. führen in ihrer Arbeit zwei Klassen von Interaktionsgeräten ein [Luyten et al. 2005, S.87]:

- Interaktionsressource
- Interaktionscluster

Zu Interaktionsressourcen zählen Ein- und Ausgabegeräte, wobei Interaktions-cluster die Recheneinheit oder das Kommunikationsgerät darstellen mit dem die jeweilige Interaktionsressource verbunden ist.

Im Rahmen dieser Arbeit werden Interaktionsgeräte als intermediäre Hardware-Komponenten definiert, die den Menschen bei der Interaktion mit seiner Umgebung unterstützen und zu einer oder mehrerer der folgenden Klassen gehören: Eingabegerät, Ausgabegerät, Kommunikationsgerät.

Zur Unterstützung mobiler Tätigkeiten, jener Tätigkeiten, die nicht an einen Ort gebunden sind [Rügge 2007, S.7–8] und ein erhöhtes Maß an Bewegungsfreiheit voraussetzen, müssen Interaktionsgeräte zusätzliche Anforderungen erfüllen:

- Das Interaktionsgerät muss in der Lage sein, Anpassungen an einem neuen Standort bzw. an neue Standortbedingungen vorzunehmen.

- Das Interaktionsgerät muss Interaktionen unterstützen, die den Anwender in seiner eigentlichen Tätigkeit nicht einschränken.

- Das Interaktionsgerät muss eine unmittelbare bzw. unverzügliche Interaktion mit dem Anwender unterstützen, da der Anwender oft nicht vorhersagen kann, wann und in welchen Situationen er mit dem Gerät interagieren muss.

- Das Interaktionsgerät muss in der Lage sein, eine unterbrochene Interaktion des Anwenders erneut aufzugreifen.

Vor diesem Hintergrund werden Interaktionsgeräte, die zusätzlich die Anforderung der Mobilität erfüllen, als „mobile Interaktionsgeräte" (MIG) bezeichnet. Wie in Abbildung 5 veranschaulicht wird, schließen mobile Interaktionsgeräte die Lücke zwischen dem menschlichen Anwender und der physischen Welt. Mobile Interaktionsgeräte ermöglichen die Interaktion mit der Umgebung bzw. mit intelligenten Objekten der Umgebung. Aufgrund der mobilen und flexiblen Eigenschaften mobiler Interaktionsgeräte können diese nahtloser in die Umgebung eindringen als stationäre Computersysteme.

Auf Grundlage der erläuterten Begrifflichkeiten, wird im nächsten Kapitel der Stand der Technik analysiert.

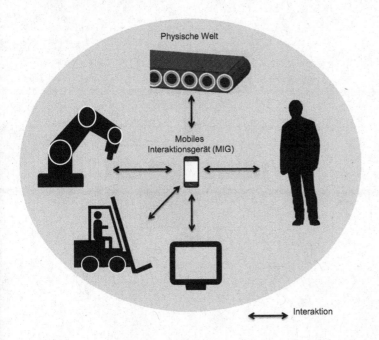

Abbildung 5: Mobile Interaktionsgeräte (MIG) schließen die Lücke zwischen dem Anwender und der physischen Welt.

3 Stand der Technik

Dieses Kapitel der Dissertation konzentriert sich auf den Stand der Technik bezüglich existierender Ansätze, Methoden, und Werkzeuge zur Unterstützung der
Entwicklung mobiler Interaktionsgeräte. Hierzu findet zunächst eine Einordnung
und Kategorisierung relevanter Methoden statt, mit dem Ziel, jene Gestaltungsmethoden zu identifizieren, die insbesondere auf die Hardwareaspekte mobiler
Interaktionsgeräte fokussieren. Anschließend werden, im Hinblick auf die Erfüllung der Anforderungen einer Entwurfsunterstützung für mobile Interaktionsgeräte die Defizite dieser Methoden hervorgehoben.

Im zweiten Teil dieses Kapitels wird auf existierende Theorien und Ansätze zur
Modellierung von Kontext eingegangen. Hintergrund ist die Bewertung hinsichtlich der Qualifizierung existierender Modelle für die Beschreibung intelligenter Produktionsumgebungen.

Die Ergebnisse dieses Kapitels werden schließlich für die Entwicklung der Gestaltungsmethode in Kapitel 4 herangezogen.

3.1 Methoden zur Entwicklung mobiler Interaktionsgeräte

Grundsätzlich existieren verschiedene Methoden, die sich für den Entwurf mobiler Interaktionsgeräte eignen [Kirisci und Thoben 2009, S.52]. Besonders dann,
wenn Nutzeranforderungen in den frühen Gestaltungsphasen berücksichtigt
werden sollen, wird häufig eine Mischung aus qualitativen und quantitativen
Methoden eingesetzt. Hierzu gehören beispielsweise Nutzer- und Feldstudien,
sowie Marktanalysen oder Interviews mit Endnutzern [Kirisci u. a. 2012, S.68].
In der Industrie sind pragmatische Ansätze, wie z.B. Papier/Stift, und Hardware
Prototypengenerierung in Kombination mit CAD-Werkzeugen weit verbreitet.
Da die frühen Gestaltungsphasen durch ein hohes Maß an Kreativität und Innovation geprägt sind, kommen Werkzeuge, die auf formalen Techniken beruhen,
selten zum Einsatz. Formale Techniken basieren in der Regel auf der Verwendung einer mathematischen Logik, bzw. auf der Hinzuziehung analytischer Modelle. Die Hinzuziehung unterstützender Werkzeuge für die Gestaltung mobiler

Interaktionsgeräte ist hier vielmehr auf den Austausch von Ideen und Skizzen mittels Mindmaps oder graphischer Entwurfsprogramme beschränkt. Ebenfalls Methoden, die die Ideengenerierung maßgeblich unterstützen wie „Brainstorming" oder die „635 Methode" gehören in dieser Phase wiederum zu weit verbreiteten Techniken. Darüber hinaus werden in den Phasen der Produktgestaltung „Gestaltungsrichtlinien" und „Checklisten" eingesetzt. Richtlinien für Benutzerorientierung und Ergonomie sind Standards wie die ISO 9241, CEN CEGELEC Guide 6, ISO Guide 71 und ISO IEC TR 29138-1. Richtlinien wie die DIN EN ISO 9241-210:2011 (vgl. Abbildung 6) sind iterativ und durchlaufen eine unbestimmte Anzahl von Entwicklungszyklen bis das finale Produkt realisiert wurde.

Welche Techniken in den unterschiedlichen Phasen einzusetzen sind obliegt der Entscheidung des Gestalters. Abhängig von dem spezifischen Kontext, können eine Vielzahl von Techniken eingesetzt werden. Erst in jüngerer Zeit wurden zweckmäßige Techniken und Werkzeuge umgesetzt, die das Ziel haben den Entwicklungsprozess mobiler Interaktionsgeräte und Anwendungen in einer frühen Entwicklungsphase, unter Einbeziehung des Kontextes, auch quantitativ zu unterstützen [Leichtenstern u. a. 2011], [Kirisci, Klein, u. a. 2011].

Ein wesentlicher Nachteil der ISO Standards liegt darin, dass diese nicht die unterschiedlichen Facetten von Produkten und Produkteigenschaften berücksichtigen. Das heißt, dass sich z.B. eine Richtlinie auf die Eigenschaften von Produkten mit konventionellen Interaktionsmöglichkeiten anwenden lässt, aber nicht auf die technischen Besonderheiten interaktiver Produkte mit multimodalen Interaktionsmöglichkeiten. Hinzu kommt, dass diese Gestaltungsrichtlinien auf einem sehr allgemeinen Niveau beschrieben und für einen konkreten Technologieentwurf oft nicht hinreichend sind. Oft werden deshalb Richtlinien und Standards nach firmeninternen Richtlinien, Nutzerstudien und Expertenwissen ergänzt. Aufgrund der technischen und konzeptionellen Nähe einiger mobiler Interaktionsgeräte zu Mobiltelefonen, sind insbesondere Design- und Nutzerstudien moderner Mobiltelefone und Interaktionskonzepte relevant [Al-Razgan u. a. 2012; Park & Han 2010; Beigl u. a. 2012; Gedik u. a. 2012; Agar 2013].

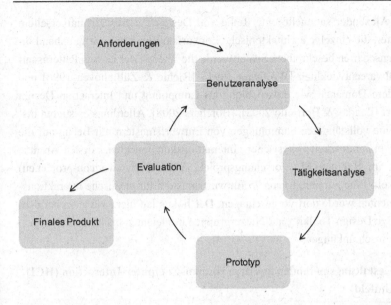

Abbildung 6: Die iterative Gestaltung von Produkten und Diensten nach der DIN EN ISO 9241-210:2011

Ein Ansatz zur Unterstützung des Entwicklungsprozesses von Interaktionsgeräten (z.B. Tastaturen, Displays, etc.) basiert auf der Nutzung von Zugänglichkeits-Richtlinien (Accessiblity Guidelines). Die University of Cambridge hat vor diesem Hintergrund eine Sammlung von Richtlinien und Werkzeugen unter den Namen „Inclusive Design Toolkit" entwickelt, was Produktmodellierer u.a. qualitative Gestaltungsempfehlungen für gängige mobile Interaktionskomponenten zur Verfügung stellt [Clarkson u. a. 2007]. Es lassen sich darüber hinaus Bevölkerungsanteile quantifizieren, die mit der Ausführung bestimmter Tätigkeiten und Interaktionen Schwierigkeiten haben. Der Fokus liegt hier allerdings auf Nutzergruppen aus Großbritannien mit bestimmten körperlichen Einschränkungen. In diesem Sinne ist auch eine Simulation bestimmter Einschränkungen möglich, so dass Produktgestaltern die Möglichkeit geboten wird Benutzungsschnittstellen von Produkten aus Sicht betroffener Nutzergruppen zu sehen.

Ein weiterer vielversprechender Ansatz stellen Entwurfsmuster (Design Patterns) dar [Borchers 2008]. Die Theorie der Design Patterns lässt sich ursprünglich auf die Arbeiten von Christopher Alexander zurückführen [Alexander,

1964]. Alexander sammelte eine Reihe von Design Patterns mit universellem Charakter, die einzelne architektonische Entwurfsmuster katalogartig anhand ihrer Eigenschaften beschreiben. Später wurde die Theorie der Design Patterns auf die Softwareentwicklung [Wolfgang 1994], [Riehle & Züllighoven 1996] und auf andere Domänen wie etwa Ubiquitous Computing und Interaction Design erweitert [Landay & Borriello 2003], [Borchers 2008]. Allerdings existieren bislang keine vollständigen Sammlungen von Entwurfsmustern mit Bezug auf die Wiederverwendbarkeit physischer Interaktionskomponenten. Erste Ansätze wurden im Rahmen EU Forschungsprojekt VICON (www.vicon-project.eu) entwickelt: Eine Sammlung von 75 Entwurfsmustern für physische Interaktionskomponenten wurde dort vorgeschlagen. Der Fokus lag hier, wie auch bei dem „Inclusive Design Toolkit", auf Nutzergruppen mit leichten bis mittleren körperlichen Einschränkungen.

3.1.1 Gestaltungsmethoden aus dem Human-Computer-Interaction (HCI) Umfeld

Innerhalb der Domäne Human-Computer-Interaction (HCI) existiert eine Reihe von Gestaltungsmethoden, die sich laut einer Analyse in [Kirisci & Thoben 2009], in folgende Klassen einordnen lassen:

(1) Methoden für die Gestaltung *mobiler Hardware-Komponenten*: Methoden, die zur Gestaltung von tragbaren Recheneinheiten, sensorischen Benutzungsschnittstellen, und greifbaren Benutzungsschnittstellen eingesetzt werden.

(2) Methoden zur Gestaltung *interaktiver Systeme*: Methoden, die zur Gestaltung unspezifischer Benutzungsschnittstellen (Hardware oder Software), oder Technologien eingesetzt werden.

(3) *Modellbasierte Methoden*: Methoden zur Gestaltung kontextorientierter und verteilter Benutzungsschnittstellen mit Hilfe konzeptioneller Modelle.

(4) *Etablierte HCI Gestaltungsmethoden*

Vor diesem Hintergrund liefert dieses Kapitel einen Überblick existierender Methoden, welche in den genannten Methodenklassen eingesetzt werden. Aus

Gründen der Übersichtlichkeit wurden die Methoden laut den Kategorien (1) bis (4) klassifiziert und ihre Abhängigkeiten hervorgehoben. Eine Gruppierung und Darstellung gegenseitiger Abhängigkeiten erleichtert die Fokussierung auf Methoden einer bestimmten Kategorie. Die Pfeile → drücken aus, dass die Methode entweder durch die darauf verweisende inspiriert oder beeinflusst ist, bzw. auf deren Grundlagen aufbaut. Es wird deutlich, dass es Überlappungen zwischen den Methodengruppen gibt. Bei genauerer Betrachtung kann festgestellt werden, dass die neueren Methoden sich auf die etablierten HCI Methoden zurückführen lassen.

Grundlage für die Klassifizierung der in Abbildung 7 dargestellten Methoden war eine umfassende Sammlung, Analyse und Auswertung von Informationen (Desktop Research), sowie praktische Erfahrungen bei der Konzeption tragbarer Recheneinheiten für Produktionsumgebungen [Maurtua u. a. 2007; Kirisci & Thoben 2009].

In Tabelle 1 sind fünfzehn exemplarisch ausgewählte Gestaltungsmethoden in nicht funktionale Kriterien eingeordnet. Die nicht-funktionalen Kriterien wurden in [Kirisci & Thoben 2009, S.52–59] als hinreichende Kriterien für eine Methode zur Modellierung mobiler Interaktionsgerät identifiziert. Aufgrund des Potenzials von Modellierungstechniken als ein wesentlicher Bestandteil der Gestaltungsmethode, entsprechen die Kriterien den Kriterien für Referenzmodelle [Hars 1994a; Hars 1994b; Rosemann & Schütte 1997], welche neben anderen Sichtweisen zusammenfassend in [Fettke & Loos 2002] erörtert wurden. Aus der Tabelle wird deutlich, dass es keine Methode gibt, die alle nicht-funktionalen Kriterien gleichzeitig erfüllt. Vielmehr haben die verschiedenen Methoden unterschiedliche Qualitäten bzw. Schwerpunkte. Es kann argumentiert werden, dass unterschiedliche Gestaltungsmethoden zu unterschiedlichen Phasen des Gestaltungsprozesses ergänzend zueinander eingesetzt werden können.

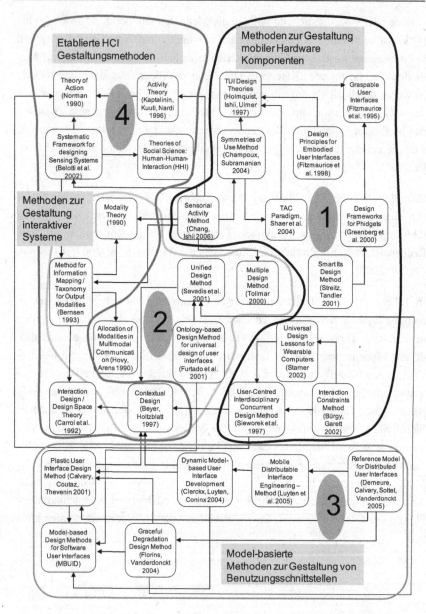

Abbildung 7: Interdependenzen und Klassifizierung der betrachteten Gestaltungsmethoden

Tabelle 1: Einordnung von Methoden zur Unterstützung der Gestaltung mobiler Interaktionsgeräte in nicht-funktionale Kriterien

Name der Methode	Autoren	Plattform	Allgemeingültig	Anwendbar	Anpassbar	Analytisch
User-Centred Interdisciplinary Concurrent Design Method (UICSM)	[Sieworek & Smailagic 2003]	Tragbare Recheneinheiten		X	X	
Interaction Constraints Method	[Bürgy & Garett 2002]	Tragbare Recheneinheiten		X		X
Methode für den Entwurf tragbarer Recheneinheiten	[Klug & Mühlhäuser 2007]	Tragbare Recheneinheiten		X	X	X
Symmetries of Use	[Champoux & Subramanian 2004]	Greifbare Benutzungsschnittstellen	X			X
Sensorial Activity Method	[Chang & Ishii 2006]	Sensorische Benutzungsschnittstellen	X	X		
Design Approach for Sensing Systems	[Belotti u. a. 2002]	Sensorische Benutzungsschnittstellen	X	X		
Information Mapping Method	[Bernsen 1994]	Sensorische Benutzungsschnittstellen	X	X		
Transfer Scenarios	[Ljungblad & Holmquist 2007]	Interaktive Systeme	X		X	

Name der Methode	Autoren	Plattform	Allgemeingültig	Anwendbar	Anpassbar	Analytisch
Contextual Design Method	[Beyer & Holtzblatt 1998]	Interaktive Systeme	X			
Unified Design Method	[Savadis u. a. 2001]	Kontextorientierte Benutzungsschnittstellen	X			X
Ontology-Based Design Method	[Furtado u. a. 2001]	Kontextorientierte Benutzungsschnittstellen	X			X
Dynamic Model-Based User Interface Development (Dynamo-Aid)	[Clerckx u. a. 2005]	Kontextorientierte Benutzungsschnittstellen			X	X
Mobile Distributable Interface Engineering Method (MoDIE)	[Luyten 2005]	Verteilte Benutzungsschnittstellen			X	X
Reference Model Method	[Demeure u. a. 2005]	Verteilte Benutzungsschnittstellen			X	X
Graceful Degradation	[Florins & Vanderdonckt 2004]	Verteilte Benutzungsschnittstellen		X	X	X

Die unterschiedlichen Qualitäten der Gestaltungsmethoden werden bestimmt durch die Vorgehensweisen, die innerhalb der Methoden bereitgestellt werden [Kirisci und Thoben 2009]. Zum Beispiel wird bei den modelbasierten Methoden das Kriterium der Analysierbarkeit durch die Darstellung und Verknüpfung der Aspekte der Situation erfüllt. Im Zuge der Analyse wurde weiterhin deutlich, dass in der HCI Forschung überwiegend auf spezielle Typen von Benutzungsschnittstellen, wie etwa tragbare Recheneinheiten, greifbare

Benutzungsschnittstellen, oder verteilte Benutzungsschnittstellen fokussiert wird, als auf die zugrunde liegenden Interaktionskonzepte, die von der Art des mobilen Interaktionsgerätes unabhängig sind. In dieser Arbeit liegt der Fokus auf der Entwicklung einer Methode aus der Kategorie (1) Methoden zur Gestaltung mobiler Hardware Komponenten, da mobile Interaktionsgeräte aufgrund ihrer physischen Ausprägung zu mobilen Hardware Komponenten zählen. Aus diesem Grunde wird in den nächsten Kapiteln lediglich auf Methoden aus dieser Kategorie näher eingegangen.

3.1.2 Methoden für die Gestaltung mobiler Hardware-Komponenten

In diesem Unterkapitel werden sieben Methoden aus der Kategorie (1) für die Gestaltung mobiler Hardware-Komponenten betrachtet. Laut der Unterteilung in Abbildung 7, sind hauptsächlich die Methoden mit Fokus auf die Gestaltung tragbarer Recheneinheiten (Wearable Computer), greifbare und sensorische Benutzungsschnittstellen relevant. Zu der Definition der tragbaren Recheneinheiten ist auf Rhodes zu verweisen [Rhodes 1997, S.1]. Aufgrund der Erfüllung der in Kapitel 2.2 aufgestellten Anforderungen für mobile Interaktionsgeräte, können tragbare Recheneinheiten sowohl konzeptionell als auch technologisch als mobile Interaktionsgeräte angesehen werden. Die Methoden zum Entwurf sensorischer und greifbarer Benutzungsschnittstellen gehören ebenfalls der Kategorie mobiler Hardware-Komponenten an. Jedoch, angesichts der Definition von „mobilen Interaktionsgeräten" sind Sensoren und Aktuatoren im engeren Sinne keine vollwertigen mobilen Interaktionsgeräte sondern mögliche Komponenten mobiler Interaktionsgeräte. Somit sind diese als Sonderfälle mobiler Interaktionsgeräte zu betrachten. Einen ähnlichen Status haben greifbare Benutzungsschnittstellen (Tangible User Interfaces). Bei greifbaren Benutzungsschnittstellen handelt es sich um physikalische, greifbare Objekte, die mit digitalen Informationen verbunden sind. Diese enthalten Mechanismen zur interaktiven Kontrolle und Manipulation eines komplementären digitalen Objektes. Ein Hauptmerkmal des Interaktionskonzeptes greifbarer Benutzungsschnittstellen liegt in der haptischen Interaktion (greifen, drehen, aufheben, etc.) und in der Existenz eines Äquivalentes in der digitalen Welt. Folglich sind greifbare Benutzungsschnittstellen laut der Definition für mobile Interaktionsgeräte nur bedingt als ein mobiles Interaktionsgerät anzusehen, bzw. wie sensorische Benutzungsschnittstellen, ebenfalls als ein Sonderfall mobiler Interaktionsgeräte zu betrachten.

Die Methoden „User-Centred Interdisciplinary Concurrent System Design Methodology" (UICSM) [Smailagic & Siewiorek 1999], „Interaction Contraints Model Method" (ICMM) [Bürgy & Garrett 2003], und die „Methode für den Entwurf tragbarer Recheneinheiten" [Klug & Mühlhäuser 2007; Klug 2008], sind demnach Methoden, welche die Auswahl und Gestaltung mobiler Hardware-Komponenten unterstützen. Diese Methoden werden nachfolgend näher explizit betrachtet.

User-Centred Interdisciplinary Concurrent System Design Methodology (UICSM)

Die "User-Centred Interdisciplinary Concurrent System Design Methodology"-kurz: UICSM [Sieworek et al. 2001] wurde Mitte der neunziger Jahre innerhalb des Engineering Design Research Center der Universität Carnegie Mellon, USA entwickelt. Der Gestaltungsprozess der Methode erfordert eine Durchlaufphase von mindestens vier Monaten um einen Prototypen eines tragbaren Rechners zu entwickeln bzw. anzupassen (vgl. Abbildung 8). Die Methode setzt voraus, dass eine bereits existierende Hardware-Plattform an die Anforderungen des Anwenders angepasst wird. Hinsichtlich der durchzuführenden Techniken, basiert die Methode auf der Durchführung von Interviews und iterative Testläufe mit einer tragbaren Recheneinheit, die aus einer Vorläufergeneration stammt. Das Prinzip, Wissen aus Vorläufermodellen zu nutzen, lässt sich auf die Ideen von Norman zurückführen [Norman 1990]. Dieser Prozess wird solange fortgesetzt bis das endgültige Produkt entstanden ist.

Interaction Constraints Model Method

Ein weiterer Ansatz zur Spezifizierung tragbarer Recheneinheiten wurde von Bürgy entwickelt [Bürgy und Garett 2002]. Die Motivation hinter dieser Methode ist, Gestaltungswissen aus vergangenen Projekten festzuhalten und Benutzern zugänglich zu machen, welche keine Experten in den entsprechenden Domänen

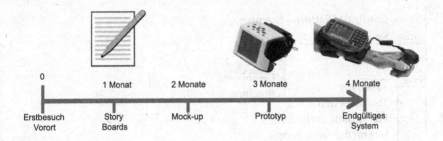

Abbildung 8: Der 4-Monatige Gestaltungsprozess der UICSM

sind. Im Gegensatz zu der UISCM fokussiert diese Methode nicht auf die Generierung von Hardware-Prototypen, sondern bewegt sich auf der konzeptionellen Ebene. Der Ansatz basiert auf der Definition eines Modells namens „Interaction Constraints Model", das in Abbildung 9 dargestellt ist [Burgy & Garrett 2003, S.6]. Das Interaction Constraints Model verknüpft verschiedene konzeptionelle Teilmodelle (user, environment, task, application, und device), die zur Beschreibung von potenziellen Arbeitssituationen herangezogen werden.

Ein Bestandteil der Methode ist das Modellierungswerkzeug „ICE-Tool" (Interaction Constraints Evaluation Tool). Bei dem Einsatz des Modellierungswerkzeuges werden Arbeitssituationen definiert, die verschiedene Einschränkungen enthalten. Diese Einschränkungen werden in dem „Interaction Constraints Model" abgespeichert. Daraus werden entsprechende Arbeitsumgebungen abgeleitet, d.h. ähnliche Szenarien, die in einer Datenbank hinterlegt sind.

Methode zur Gestaltung tragbarer Recheneinheiten für standardisierte Arbeitsprozesse

Ein weiterer Ansatz für eine modelbasierte Entwurfsunterstützung für tragbare Recheneinheiten wurde von Klug entwickelt [Klug 2008]. Ausgang für die Entwicklung der Methode ist die Argumentation, dass obwohl die technischen Grundlagen tragbarer Recheneinheiten mittlerweile relativ fortgeschritten sind, dennoch grundlegende Defizite bei der konzeptionellen Unterstützung früher Entwurfsphasen existieren. Weiterhin wird argumentiert, dass klassische nutzerzentrierte Entwurfsmethoden nur unzureichend die spezifischen Besonderheiten

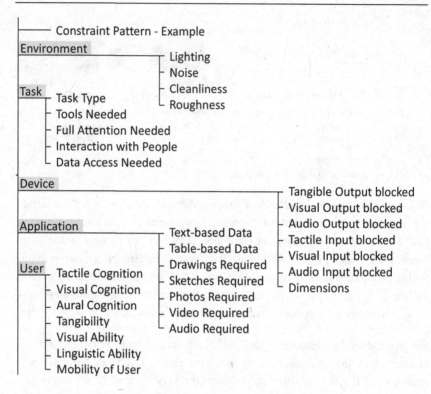

Abbildung 9:   Interaction Constraints Model von Bürgy

tragbarer Recheneinheiten berücksichtigen. Die vorgeschlagene Methode besteht aus drei Teilen. Der erste Teil fokussiert auf die Dokumentation und
Kommunikation spezifischer Szenarien (use cases). Es wird betont, dass Defizite bei der Aufnahme der Arbeitssituationen zu falschen Annahmen beitragen,
die wiederum zu einer Folge von Fehlern im Gestaltungsprozess führen. Um
dieser Problematik beizukommen, werden Modelle eingeführt, welche eine adäquate Darstellung von Arbeitssituationen mit tragbaren Recheneinheiten erlau-
ben, um eine systematische Dokumentation von Szenarien zu realisieren. Das
Ziel ist es, die Arbeitssituationen für das gesamte Produktentwicklungs-Team
verständlich aufzubereiten, um eine interdisziplinäre Kommunikation zu ermöglichen. Klug betont in seiner Arbeit, dass dies eine grundlegende Anforderung
darstellt, um ein angemessenes mobiles Interaktionsgerät für eine gegebene

Arbeitssituation zu entwickeln. Ein anderer Teil der Lösung befasst sich mit der Bereitstellung von Modellen und Werkzeugen, welche die Konfiguration und Auswahl angemessener Endgeräte unterstützt. Der dritte und letzte Teil behandelt die gegenseitige Beeinflussung verschiedener Interaktionsgeräte, sowie die Auswirkungen der Interaktionsgeräte auf die Ausprägung der Arbeitskleidung involvierter Akteure. Die Methode beinhaltet einen nutzerzentrierten Gestaltungsprozess, welcher durch drei Modelle unterstützt wird. Dabei sind die Modelle ein „Work Situation Model", ein „User Model", und ein „Computer System Model", wie in Abbildung 10 dargestellt [Klug 2008]. Auf dieser Grundlage wird ein Szenario simuliert, und die Kompatibilität mit verschiedenen mobilen Interaktionsgeräten verifiziert.

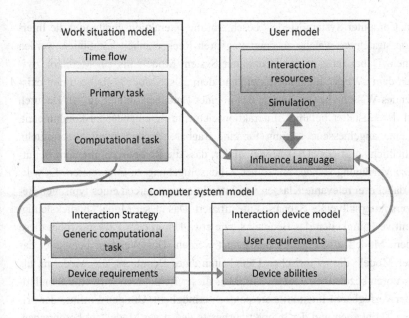

Abbildung 10: Komponenten des Modells

Das Work Situation Model definiert die Bedingungen unter denen die Interaktionen mit der tragbaren Rechnungseinheit stattfindet. Es besteht aus der primären Tätigkeit des Benutzers, der sekundären Tätigkeit, sowie dem Zeitfluss der Arbeitsaufgabe. Die primären Tätigkeiten werden durch die Bestimmung der

Aktivitäten des Benutzers, sowie der Umgebungseinflüsse, die direkte Auswirkungen auf die jeweiligen Aktivitäten haben, ermittelt. Beide Aspekte (Aktivitäten und Umgebungseinflüsse) werden durch die Kombination von Ressourcen
des Benutzermodells beschrieben. Die sekundären Tätigkeiten, welche ausschließlich mit der Interaktion des Benutzers mit den mobilen Interaktionsgeräten zu tun haben, werden in mehreren Granularitäten herunter gebrochen und
mit den funktionalen Aufgaben zur Bedienung der Recheneinheiten verknüpft.
Die zugehörige sekundäre Tätigkeit besteht dabei aus der „Auswahl aus einer
Liste" und der „Navigation". Der Zeitfluss wird in Form einer Zeitlinie dargestellt, was es ermöglicht, die Zeitabhängigkeiten der primären und sekundären
Tätigkeiten in Zusammenhang zu bringen.

Das „Computer System Model" beschreibt die Interaktionsgeräte und die Inter-
aktionsstrategien, welche zu einer tragbaren Recheneinheit kombiniert werden
können. Dabei fungiert das „Computer System Model" als ein Mediator zwischen dem „Work Situation Model" und dem „User Model". Es bestimmt exis-
tierendes Wissen zur Gestaltung, das in einer Datenbank hinterlegt ist. Dadurch
wird der Gestalter befähigt, Interaktionselemente miteinander zu kombinieren,
um eine angemessene Lösung für eine tragbare Recheneinheit zu ermitteln.
Schließlich sorgt das „User Model" dafür, dass die Ressourcen, die dem Benutzer zu Verfügung stehen, mit seiner Arbeitsumgebung zu interagieren. Es wurden dabei drei relevante Klassen von Interaktionsressourcen eines typischen Benutzers innerhalb eines Szenarios identifiziert. Das „User Model" berücksichtigt
kognitive Fähigkeiten des Benutzers, wie etwa Hören oder Fühlen, wobei diese
in dem Modell als Sensoren bezeichnet werden. Des Weiteren beinhaltet das
„User Model" die motorischen Fähigkeiten eines Benutzers, die wiederum als
Aktuatoren bezeichnet werden. Auf Basis dieser Ressourcen wird eine Simulation der verfügbaren Interaktionsressourcen ermöglicht. Um den Einfluss der primären Tätigkeiten und der Interaktionsgeräte des „User Model" zu beschreiben,
wird eine maschinenlesbare Beschreibungssprache eingeführt, die die Simulation einer Arbeitssituation unterstützt.

Abbildung 11 zeigt einen sogenannten Trace eines Endoskopie-Szenarios, was
für einen standardisierten, vorhersehbaren Arbeitsprozess exemplarisch herangezogen wurde [Klug und Mühlhäuser 2007]. Traces beinhalten alle Elemente

eines umfassenden Modells und werden in der Methode verwendet um Szenarien darzustellen und zu simulieren.

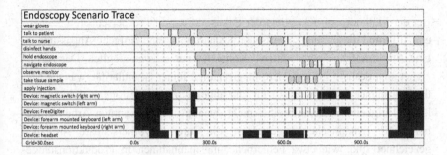

Abbildung 11: Der „Trace" einer Arbeitssituation am Beispiel eines Endoskopieszenarios

3.1.3 Beurteilung der betrachteten Gestaltungsmethoden

Dieses Unterkapitel bewertet qualitativ die betrachteten Methoden. Diese Ergebnisse stellen die Grundlage dar, um bei der Konzeption der Gestaltungsmethode, hierfür notwendige funktionale und nicht-funktionale Anforderungen aufzustellen. Diese dienen wiederum der Ableitung entsprechender Modelle und Modellierungsprinzipien.

Bei der UICSM ist ein Nachteil, dass die Methode kein Werkzeug bereitstellt, womit sichergestellt wird, wie alle identifizierten Kontextinformationen (z.B. aus durchgeführten Interviews) kontinuierlich in den Entwicklungsprozess mit einfließen können [Sieworek und Smailagic 2003]. Damit fehlt es dieser Methode an einem Werkzeug um identifizierte Kontextinformationen und Eigenschaften mobiler Endgeräte angemessen zu verknüpfen um diese zu analysieren. Die Verknüpfung von Kontextinformationen obliegt somit dem Expertenwissen des Entwicklers.

Bei der „Interaction Constraints Method" ist aufgrund einer starken Abstraktion der Arbeitssituationen eine einfache Kommunikation von Szenarien nicht gewährleistet. Da die meisten Attribute der Teilmodelle durch binäre Entscheidungen definiert werden, ist die Auswahlmenge möglicher Interaktionsgeräte klein. Bedingt durch die starke Abstraktion des Gerätemodells, können sehr verschiedene Interaktionsgeräte nicht unterschieden werden, was dazu führt, dass sich eine angemessene Entscheidung für ein mobiles Interaktionsgerät schwierig gestaltet.

Bei der Methode von Klug liegt der Fokus auf explizit vorhersehbaren Szenarien. Aufgrund dieser sehr spezifischen Szenarien ist eine einfache Anpassung an eine Arbeitsaufgabe eines anderen Kontextes nur schwer möglich. Der Ansatz eignet sich deshalb insbesondere für Szenarien feiner Granularität, was die Methode geeignet erscheinen lässt für klar abgegrenzte, eindeutige, sich wiederholende Tätigkeiten innerhalb einer nicht dynamischen, bekannten Arbeitsumgebung. Für dynamische Umgebungen, die durch unvorhersehbare Aufgaben gezeichnet sind, wie etwa Fehlerbehebungsmaßnahmen in Produktionsumgebungen, ist es nicht möglich Tätigkeiten detailgenau zu spezifizieren, ohne die Flexibilität einzuschränken, welche wiederum notwendig ist, um dynamische Situationen zu bewerkstelligen.

In Tabelle 2 sind die betrachteten Gestaltungsmethoden zusammengefasst und im Hinblick auf die Erfüllung der Anforderungen für eine Gestaltungsunterstützung für mobile Interaktionsgeräte bewertet. Die Anforderungen in Tabelle 2 lassen sich unmittelbar aus den Hauptzielen und Teilzielen dieser Arbeit ableiten.

Aus der Analyse des Standes der Technik der betrachteten drei Gestaltungsmethoden bezüglich der Gestaltung mobiler Interaktionsgeräte für intelligente Produktionsumgebungen geht hervor, dass diese in den für diese Arbeit relevanten Punkten Defizite aufweisen.

Aus der Analyse des Standes der Technik der betrachteten drei Gestaltungsmethoden bezüglich der Gestaltung mobiler Interaktionsgeräte für intelligente Produktionsumgebungen geht hervor, dass diese in den für diese Arbeit relevanten Punkten Defizite aufweisen.

Im nächsten Kapitel dieser Arbeit wird auf den Stand der Forschung bezüglich der Kontextmodelle näher eingegangen. Es soll verifiziert werden, ob existierende Ansätze bei der Entwicklung eines Kontextmodells für diese Arbeit hinzugezogen werden können.

Tabelle 2:   Erfüllung der Anforderungen einer Gestaltungsunterstützung für   mobile Interaktionsgeräte

Anforderungen einer Gestaltungsunterstützung für mobile Interaktionsgeräte	UICSM	Methode von Klug	Methode von Bürgy
Bereitstellung eines Werkzeuges oder einer Technik zur Integration von Kontextinformationen	Nein	Ja	Ja
Betrachtung der Arbeitssituation in intelligenten Produktionsumgebungen	Nein	Nein	Nein
Unterstützung der Auswahl und der Empfehlung angemessener Interaktionsgeräte	Nein	Bedingt	Bedingt
Analyse und Kommunikation von Szenarien	Nein	Nein	Bedingt

3.2 Kontext und Kontextmodelle in Mobile Computing

Im Sinne einer weiterführenden Betrachtung von Kontext ist es zielführend, sich mit der näheren Bedeutung von Kontext laut der in dieser Arbeit präferierten Definition von Hull: *Aspekten der aktuellen Situation* [Hull 1997] auseinanderzusetzen. Dies führt zu einer Kategorisierung von Kontext. Exemplarisch hat Schilit eine Kategorisierung von Kontext vorgeschlagen und argumentiert, dass die wichtigsten Aspekte vom Kontext die Rechenumgebung (computing environment), die Umgebung des Anwenders (user environment) und die physische Umgebung (physical environment) darstellen [Schilit et al. 1994]. Dementsprechend unterteilt er Kontext in diese drei Kategorien. Ähnliche Ansätze, wie in [Chen und Kotz 2000], führen als Ergänzung die Kategorie „Zeit" ein. Dieser Ansatz führt dazu, dass die Kategorisierung umfangreicher, aber nicht genauer wird.

Ausgangspunkt für das Verständnis und für die Strukturierung von Kontext in Produktionsumgebungen ist das Kontextmodell von Schmidt aus dem Umfeld des kontextorientierten Mobile Computing (Context-Aware Mobile Computing)

[Schmidt et al. 1999]. Wie in Abbildung 12 zu sehen ist, repräsentiert das Modell von Schmidt einen hierarchisch organisierten Raum von Eigenschaften für
Kontext [Schmidt et al. 1999].

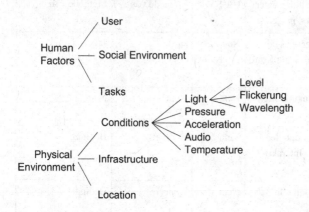

Abbildung 12: Modell für die Kategorisierung von Kontext in Context-Aware Mobile
Computing

Das dargestellte Modell kann in dieser Arbeit als Basis herangezogen werden.
Ein genauer definiertes Kategorisierungsschema ist aber notwendig. Der Grund
hierfür ist, dass das obige Kontextmodell nicht vollständig auf den Sachverhalt
dieser Arbeit übertragen werden kann, da das Modell ursprünglich für die Unterstützung von kontextorientierten Anwendungen in der Domäne des Mobile
Computing konzipiert wurde und nicht für die Spezifizierung mobiler Interaktionsgeräte für intelligente Produktionsumgebungen. Grundsätzlich ist die hierar-
chische Repräsentation von Eigenschaften eine sinnvolle Ausgangsbasis. Es
sollte festgehalten werden, dass Schmidt's Arbeitsmodell zu rudimentär ist, um
für diese Arbeit eingesetzt zu werden. Einerseits ist das Modell nicht umfassend
genug, andererseits ist die Kategorisierung der Elemente nicht angemessen für
die Repräsentation mobiler Interaktionsgeräte.

3.2.1 Verknüpfung von Kontext und Form

Grundsätzlich ist es für Gestalter eines mobilen Interaktionsgerätes ein zeitin-
tensiver Prozess, ein angemessenes Gerät für eine bestimmte Aufgabe bzw. für

eine bestimmte Umgebung zu spezifizieren. Das Ziel für eine optimale Unterstützung des modellbasierten Gestaltungsprozesses besteht darin, den Kontext des Anwenders und der Umgebung mit den physikalischen Eigenschaften des mobilen Interaktionsgerätes im Einklang zu bringen. Demnach geht es darum, Kontextelemente der Teilmodelle des Kontextmodells miteinander zu verknüpfen. Es gibt bislang keinen standardisierten Ansatz der erklärt, welche Kontextelemente auf welche Art verknüpft werden müssen. Folglich ist es für den Gestalter erforderlich, dass umfassendes Wissen über Aufgaben, Rollen, Präferenzen und Interaktionen des Anwenders in den Modellierungsprozess einfließt. Weiterhin muss das Wissen über die Umgebung, in der der Anwender seine Primärtätigkeit durchführt, beim Gestaltungsprozess ebenfalls berücksichtigt werden. Wie bereits in Kapitel 2 beschrieben, liegt eine wesentliche Herausforderung der modellbasierten Umsetzung mobiler Interaktionsgeräte in der Beschreibung und Anwendung eindeutiger Regeln und Einschränkungen zwischen den Kontextelementen aller beschreibenden Teilmodelle eines Kontextmodells. Diese Verknüpfung von Kontext und Form basiert ursprünglich auf der allgemeinen Theorie der Gestaltung und lässt sich auf Christopher Alexander im Jahre 1964 zurückführen. Alexander bezeichnet diesen Zusammenhang als „*Fitness-of-Use*" Problem. Der von Alexander ausgearbeitete Ansatz strebt allerdings keine Formalisierung an [Alexander 1964]. Techniken, die formale Ansätze der Modellierung zulassen, wie etwa die Definition und Einbindung logischer Definitionen von Beziehungen zwischen verschiedenen Kontextelementen, sind grundsätzlich geeignet das *Fitness-of-Use* Problem zu lösen. Laut den meisten Theorien über *Referenzmodellierung*, werden die Formalisierung und Standardisierung, als die wichtigsten Herausforderungen der Zukunft angesehen. Darüber hinaus sollte eine maschinelle Verarbeitung und Interpretation der spezifischen Kontexte, entsprechend eindeutiger Regeln möglich sein.

In Analogie zu dem *Fitness-of-use* Problem sollte das Anstreben nahtloser Koexistenz auch zwischen den Kontextelementen der Plattform und den übrigen Kontextelementen (Menschkontext und Umgebungskontext) angestrebt werden. Dies wird mithilfe der Anwendung eindeutiger Regeln erreicht. Eine Änderung bestimmter Kontextelemente durch Rekonfiguration führt zu einer Änderung bzw. Anpassung der Aspekte der Plattform und letztlich zu einer neuen Spezifikation eines mobilen Interaktionsgerätes. Anders ausgedrückt ist es

4 Konzeption der Gestaltungsmethode

"We can't solve problems by using the same kind of thinking we used when we created them." (Albert Einstein)

Kapitel 4 stellt mit Kapitel 5 den Hauptteil der Dissertation dar. Hier wird die Konzeption und Implementierung der Gestaltungsmethode realisiert. In Anlehnung der erläuterten Problembeschreibung in Kapitel 2 und die qualitative Bewertung der betrachteten Gestaltungsmethoden in Kapitel 3.1.3 wird der konzeptionelle Rahmen der Gestaltungsmethode ermittelt. Dazu gehören die Beschreibung des Ziels, Umfangs und der Struktur der Modelle und Modellierungsprinzipien. Darüber hinaus werden die Anforderungen der in der Gestaltungsmethode enthaltenen Modellierungstechniken und –werkzeuge identifiziert. In Abbildung 13 werden Vorgehensweise und Zielsetzung der Erarbeitung eines Vorgehensmodells für die Konzeption mobiler Interaktionsgeräte dargestellt.

Die Vorgehensschritte bis zur Analyse existierender Gestaltungsmethoden wurden in den vorangegangenen Kapiteln behandelt. In Anknüpfung daran werden in diesem Kapitel funktionale und nicht-funktionale Anforderungen sowie Eigenschaften der Gestaltungsmethode abgeleitet. Die Vorgehensweisen innerhalb der Gestaltungsmethode werden konkretisiert als Beschreibung des Modellierungsansatzes und Entwicklung eines Vorgehensmodells.

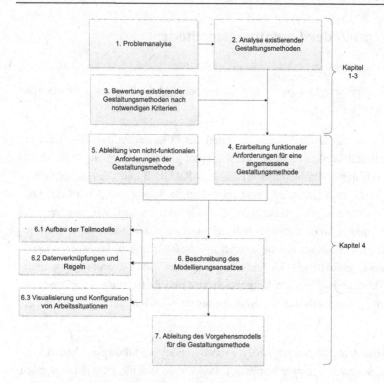

Abbildung 13: Vorgehensweise zur Erreichung der Zielsetzung

4.1 Funktionale Anforderungen einer Gestaltungsmethode für mobile Interaktionsgeräte

Nach der Analyse existierender Gestaltungsmethoden für Hardware-Komponenten in Kapitel 3.1, ist es möglich, die funktionalen Anforderungen aus Tabelle 2 mit Hilfe weiterer Anforderungen zu ergänzen, die für die Umsetzung mobiler Interaktionsgeräte notwendig sind. Im Rahmen des Europäischen Forschungsvorhabens WearIT@Work (EC IP 004216-2004) - Empowering the Mobile Worker by Wearable Computing, wurden eine Reihe von Kriterien identifiziert, die für die Entwicklung von Wearable Computing Systemen als maßgebend erachtet werden. Darunter fallen u.a. die Berücksichtigung der Umgebungsbedingungen und des Grades der Mobilität. Mit Hilfe dieser Kriterien und den Anforderungen aus Tabelle 2 in Kapitel 3 ist es möglich, konkrete

Merkmale für die Gestaltungsmethode zu definieren, welche als Leitfaden für die zu entwickelnde Gestaltungsmethode herangezogen werden können. Es wurde bereits im Vorfeld angedeutet, dass die funktionalen Anforderungen unmittelbare Auswirkungen auf die Auswahl bzw. auf die Eigenschaften mobiler Interaktionsgeräte haben. Nachfolgend werden die identifizierten funktionalen Anforderungen (AF1-AF6) aufgeführt und im Anschluss qualitativ erläutert.

Tabelle 3: Auflistung der funktionalen Anforderungen

Funktionale Anforderung (AFn)	Bezeichnung der funktionalen Anforderung
AF1	Berücksichtigung der Arbeitssituationen in intelligenten Produktionsumgebungen
AF2	Einbeziehung mobilitätsrelevanter Aspekte des Benutzers
AF3	Einbeziehung der Arbeitsumgebung des Benutzers
AF4	Berücksichtigung angemessener mobiler Interaktionsgeräte
AF5	Unterstützung der Auswahl angemessener mobiler Interaktionsgeräte
AF6	Ermöglichung einer Analyse und Kommunikation von Szenarien

AF1 - Berücksichtigung der Arbeitssituationen in intelligenten Produktionsumgebungen

Eine unterstützende Gestaltungsmethode sollte in der Lage sein, die jeweilige Arbeitssituation von Akteuren in einer intelligenten Produktionsumgebung mit einzubeziehen. Diese Anforderung setzt voraus, dass innerhalb des Gestaltungsprozesses, Techniken bereitgestellt sein sollten, die in der Lage sind Produktionsszenarien darzustellen. Hierbei handelt es sich um eine grundlegend Anforderung ohne deren Umsetzung die Gestaltungsmethode nicht anwendbar wäre. Entgegen stationären Umgebungen, wie etwa in einer klassischen Büroumgebung, zeichnen sich die Tätigkeiten des Benutzers in einer

Produktions-umgebung durch ein hohes Ausmaß manueller Tätigkeiten aus. Im Rahmen dieser manuellen Tätigkeiten findet eine Interaktion mit diversen Objekten der Arbeitsumgebung statt um Informationen zu gewinnen. Um die Abhängigkeiten der Interaktion des Benutzers mit physischen Objekten und digitalen Anwendungen zu erfassen, müssen alle möglichen Tätigkeiten der Arbeitssituation berücksichtigt werden.

AF2 - Einbeziehung mobilitätsrelevanter Aspekte des Benutzers

Eine Gestaltungsunterstützung für die Konzeption mobiler Interaktionsgeräte sollte die Mobilitätserwartungen des Benutzers in den Gestaltungsprozess integrieren. Während die Anforderung AF1 den Benutzer nur aus Sicht seiner Arbeitssituation betrachtet, ist mit der Anforderung AF2 der Benutzer im Hinblick seiner eigenen Rollen und Präferenzen zu berücksichtigen. Wie bereits in Kapitel 2 berichtet, gehören dynamische Veränderungen der Arbeitsumgebung des Benutzers zu typischen Situationen in einer Produktionsumgebung. Diese können Auswirkungen auf die Mobilität des Benutzers haben. So kann die Mobilität des Nutzers durch eine plötzliche Änderung der Tätigkeit maßgeblich eingeschränkt werden. Aus diesem Grunde ist es erforderlich alle Aspekte zu untersuchen, die in einer Verbindung zu der Mobilität des Benutzers stehen. Folglich sollte eine Gestaltungsmethode einen Mechanismus bereitstellen, der es erlaubt, den Benutzer aus unterschiedlichen Perspektiven zu betrachten bzw. zu analysieren, so dass die Anforderungen des Benutzers bezüglich seiner Mobilität erschlossen werden können.

AF3 - Einbeziehung der Arbeitsumgebung des Benutzers

Die Berücksichtigung der Arbeitsumgebung des Benutzers spielt im Gestaltungsprozess mobiler Endgeräte eine zentrale Rolle, da die spezifischen Besonderheiten der Arbeitsumgebung einen Einfluss auf die Arbeitsaufgaben des Benutzers haben, und damit einen direkten Einfluss auf die Auslegung mobiler Interaktionsgeräte. Beispielsweise in einer schwer zugänglichen Arbeitsumgebung, wo die Freiheitsgrade des Benutzers eingeschränkt sind, werden primäre Tätigkeiten anders ausgeführt als in einer Umgebung, wo der Nutzer sämtliche Bewegungsfreiheiten besitzt. In einer solchen Umgebung müssen mobile Interaktionsgeräte adäquat ausgelegt sein, um vollständig mit der Tätigkeit des

Anwenders kompatibel zu sein. Folglich haben physikalische Einflüsse wie Lichtverhältnisse, Temperaturen, Geräuschkulissen, Umweltbelastungen, Feuchtigkeit, elektromagnetische Abschirmung etc. einen direkten Einfluss auf die Auslegung mobiler Interaktionsgeräte. Ungünstige Lichtverhältnisse in der Arbeitsumgebung erfordern z.B. adaptive Displays, wobei eine laute Geräuschkulisse in der Arbeitsumgebung Spracheingabe- und Sprachausgabetechniken ausschließen sollten. Unternehmensspezifische Restriktionen und gesetzliche Sicherheitsbestimmungen sind ebenfalls Aspekte, die die Ausprägung einer Arbeitsumgebung beeinflussen können [Viseu 2003; wearIT@work 2006]. Beispielsweise ist das Tragen von Datenbrillen (HMDs – Head Mounted Displays) und Kopfhörern in einigen Produktionsumgebungen aus Sicherheitsgründen untersagt. Hier wird deutlich, dass die Aspekte einer Umgebung nicht nur technischer Natur sind, sondern auch soziale und konzeptionelle Aspekte umfassen, um eine Produktionsumgebung hinreichend zu beschreiben.

AF4 - Berücksichtigung angemessener mobiler Interaktionsgeräte

Die zu entwickelnde Gestaltungsmethode sollte in der Lage sein, zwischen den technischen Eigenschaften und Funktionalitäten verschiedener Interaktionskomponenten zu unterschieden. Da im Gestaltungsprozess situationsangemessene mobile Interaktionsgeräte gesucht werden, sollten ausreichend viele Interaktionsgeräte beschrieben sein, welche die spezifischen Anforderungen erfüllen. Vor dem Hintergrund, dass sich mobile Technologien im Hinblick auf Miniaturisierung, Leistungsfähigkeit und Interaktionsmöglichkeiten kontinuierlich weiter entwickeln, ist es erforderlich, dass die Gestaltungsmethode eine Vielzahl existierender aber auch prototypischer (zukünftiger) mobiler Interaktionsgeräte und Interaktionskomponenten mit berücksichtigt. Um fortlaufend eine aktuelle Auswahl angemessener mobiler Interaktionsgeräte anzubieten, muss es möglich sein vorhandene Interaktionsgeräte anzupassen bzw. die Auswahl bei Bedarf zu erweitern.

AF5 - Unterstützung der Auswahl angemessener mobiler Interaktionsgeräte

Eine Methode, die den Gestaltungsprozesses unterstützt, sollte in der Lage sein, mit Empfehlungen für angemessene mobile Interaktionsgeräte aufzuwarten, und den Auswahlprozess der Komponenten erleichtern. In stationären

Büroumgebungen stellt die Kombination von Maus, Tastatur, und LCD Monitor eine angemessene Kombination von Interaktionsgeräten dar, um mit digitalen Anwendungen zu interagieren. In intelligenten Produktionsumgebungen herrschen jedoch andere Bedingungen vor, wo unter Umständen eine andere Kombination von Interaktionsgeräten sinnvoller ist. Weil die Anzahl potenzieller Interaktionsgeräte, sowie entsprechender Kombinationsmöglichkeiten untereinander ausgesprochen hoch ist, sind die Entwickler mobiler Interaktionsgeräte schnell überfordert. Es ist unwahrscheinlich, dass die Entwickler mobiler Interaktionsgeräte fortlaufend einen aktuellen Überblick über die Vor- und Nachteile sämtlicher Komponenten behalten. In diesem Sinne muss eine methodische Unterstützung des Gestaltungsprozesses eine Vereinfachung (bis hin zu einer Teilautomatisierung) des Auswahlprozesses mobiler Interaktionsgeräte sicherstellen.

AF6 - Ermöglichung einer Analyse und Kommunikation von Szenarien

Eine unterstützende Methode sollte eine angemessene Visualisierung der erfassten Informationen der zu betrachtenden Arbeitssituation bereitstellen. Es ist in diesem Sinne erforderlich, dass alle beteiligten Akteure der Produktgestaltung und -entwicklung ein gemeinsames Verständnis über die Arbeitssituation entwickeln, um kostenintensive Iterationen im Gestaltungsprozess zu vermeiden. Neben der Tatsache, dass eine Vielzahl unterschiedlicher Rahmenbedingungen in intelligenten Produktionsumgebungen vorherrscht, können die Produktions- und Arbeitsprozesse eine hohe Komplexität aufweisen. Ergebnisse aus vorangegangenen Projekten sind nicht nahtlos auf neue Projekte übertragbar, da der Kontext je nach dem vorliegenden Szenario abweichen kann. Aus diesem Grunde sollte eine Methode sicherstellen, dass eine Visualisierung eine präzise Analyse und einfache Kommunikation von Szenarien ermöglicht wird.

Hiermit sind die funktionalen Anforderungen (AF1-AF6) beschrieben. Diese dienen im weiteren Verlauf der Arbeit dazu, auf konkrete Vorgehensweisen und weitere Bestandteile der Gestaltungsmethode zu schließen. Ergänzend wird im nächsten Kapitel der Bezug zum Modellierungscharakter der Methode mit den nicht-funktionalen Anforderungen hergestellt.

4.2 Nicht-Funktionale Anforderungen der Gestaltungsmethode für mobile Interaktionsgeräte

Auf Basis der Beschreibung der funktionalen Anforderungen lassen sich nicht-funktionale Anforderungen (ANF) ableiten. Nichtfunktionale Anforderungen können als Qualitätsmerkmale der Gestaltungsmethode angesehen werden, die dazu dienen konkrete Vorgehensweisen für die Gestaltungsmethode abzuleiten. Darüber hinaus stellen funktionale Anforderungen die Verknüpfung zu dem Modellierungscharakter der Gestaltungsmethode her. In Analogie zu den allgemeinen Anforderungen an Modelle [Fettke und Loos 2004, S.8], [Thomas 2006, S.12] werden nachfolgend eine Reihe nicht-funktionaler Anforderungen aus den funktionalen Anforderungen hergeleitet. Diese sind aus Gründen der Übersicht in Tabelle 4 aufgelistet. Im Anschluss folgt eine qualitative Erläuterung der nicht-funktionalen Anforderungen um u.a. den Bezug zu den jeweiligen funktionalen Anforderungen zu verdeutlichen.

Viele Methoden zur Gestaltungsunterstützung mobiler Interaktionsgeräte, die grundsätzlich in der Lage sind Kontext zu berücksichtigen, verlangen eine sehr detaillierte Beschreibung des potenziellen Kontextes. Das führt einerseits dazu, dass die Konzeption nur ganz bestimmter mobiler Interaktionsgeräte unterstützt wird. Andererseits verhindert eine detaillierte Beschreibung einer Tätigkeit oder einer Umgebung, dass diese als allgemeingültig z.B. für eine Gruppe von marginalen Tätigkeiten (ähnlichen Tätigkeiten) oder Umgebungen angesehen wird.

ANF 1 - Allgemeingültigkeit

Die Anforderung der Allgemeingültigkeit einer Gestaltungsmethode verlangt somit nach einer möglichst generischen und abstrakten Beschreibung des Kontextes, um das größtmögliche Kontextspektrum intelligenter Produktionsumgebungen zu bedienen. Eine periodische Bewegung der rechten Hand des Anwenders, die zu einer ganz bestimmten Zeit während seiner Tätigkeit ausgeführt wird, wird auf abstrakter Ebene schlichtweg als eine Bewegung der rechten Hand beschrieben werden. Auf diese Art müssen auch andere Aspekte beschrieben werden, wie etwa Rollen und Präferenzen des Anwenders, Aufgaben, Interaktionen, Bedingungen und Gegebenheiten der Umgebung, und technische

Eigenschaften des mobilen Interaktionsgerätes. Zwei Anforderungen stehen hierbei im Vordergrund: (1) Gültigkeit der Methode für ähnliche Aufgaben aus einer Anwendungsdomäne; (2) Angemessenheit der Methode zur Gestaltung verschiedener Kategorien und Variationen mobiler Interaktionsgeräte. Die erste Anforderung ergibt sich aus der Anwendung von marginalen Praktiken [Ljungblad & Holmquist 2007], worin gezeigt wird, dass interaktive Technologien erfolgreich umgesetzt werden können, wenn sich diese an die grundlegenden Motivationen und Interessen von Anwendern orientieren, die zueinander ähnlich sind. Die zweite Anforderung soll sicherstellen, dass die Methode so allgemeingültig ist, dass nicht nur die Gestaltung einer bestimmten Art von Interaktionsgeräten unterstützt wird (z.B. visuelle Ausgabegeräte), sondern unterschiedliche Variationen von Ein- und Ausgabegeräten, und deren Kombination als Gesamtsystem berücksichtigt werden.

Tabelle 4: Auflistung der nicht-funktionalen Anforderungen

Nicht-funktionale Anforderung (ANFn)	Bezeichnung der nicht-funktionalen Anforderung
ANF1	Allgemeingültigkeit
ANF2	Anwendbarkeit
ANF3	Anpassbarkeit
ANF4	Analysierbarkeit
ANF5	Erweiterbarkeit
ANF6	Folgerbarkeit

ANF 2- Anwendbarkeit

Die Eigenschaft der Anwendbarkeit bedeutet, dass die Gestaltungsmethode grundsätzlich für den Entwurf mobiler Interaktionsgeräte für intelligente

Produktionsumgebungen geeignet sein muss. Damit eine Methode diese Bedingung erfüllt, ist es erforderlich, dass die Methode die notwendigen Modelle bereitstellt, mit deren Hilfe alle möglichen Aspekte intelligenter Produktionsumgebungen und mobiler Interaktionsgeräte repräsentiert werden. Jedoch wird die Erfüllung dieser Anforderung nicht ausschließlich durch technische Aspekte bestimmt. Die Sicherstellung ergonomischer Aspekte bei der Anwendung der Methode ist ein weiteres Kriterium, was berücksichtigt werden sollte. Folglich sollte die Methode durch ein Modellierungswerkzeug unterstützt werden, das sowohl eine einfache Konfiguration und Bearbeitung eines Kontextes sicherstellt als auch dessen Visualisierung ermöglicht.

ANF 3 - Anpassbarkeit

Die Eigenschaft der Anpassbarkeit bezieht sich auf die Anpassbarkeit des Kontextes während des Gestaltungsprozesses. In diesem Sinne muss der Anwender der Methode die Möglichkeit haben, die individuellen Aspekte einer neuen Situation anzupassen. Grundsätzlich ist dies mit entsprechendem Aufwand immer möglich. Jedoch sollte es das Ziel sein, eine Anpassung in einer wirtschaftlich vertretbaren Zeit zu erreichen. Voraussetzung damit eine Anpassung der Situation möglich wird, ohne den Kontext grundlegend zu verändern, ist die Erfüllung der Anforderung der Allgemeingültigkeit laut ANF1 und die Anforderung der Anwendbarkeit laut ANF2. Beispielsweise sollte die Anpassung einer Tätigkeit zwischen ähnlichen Tätigkeiten, wie etwa zwischen der Instandhaltung einer Maschine und der Inspektion eines Fahrzeuges, ohne großen Aufwand möglich sein. Es geht weniger darum, die primäre Aufgabe des Anwenders in Mikrotätigkeiten herunter zu brechen, sondern eine möglichst allgemeingültige, repräsentative Beschreibung der Primäraufgabe des Anwenders zu realisieren. Die Anpassbarkeit schließt nicht notwendigerweise einen Mechanismus ein, um richtige Schlussfolgerungen aus den Verknüpfungen der Kontextelemente zu ziehen. So kann es durchaus eine Verknüpfung zwischen dem Energiekonzept eines mobilen Endgerätes und Dauer der Tätigkeit des Anwenders geben. Die Empfehlung der Integration eines ganz bestimmten Energiekonzeptes bzw. die Schlussfolgerung auf ein bestimmtes Energiekonzept sollte ebenfalls durch die Gestaltungsmethode berücksichtigt sein. Dieser Zusammenhang kann durch die Eigenschaft der Analysierbarkeit abgedeckt werden.

ANF 4 - Analysierbarkeit

Die Eigenschaft der Analysierbarkeit der Gestaltungsmethode stellt eine technisch anspruchsvolle Anforderung dar und bezieht sich auf die automatische Analyse der Kontextinformationen. Es wird dabei vorausgesetzt, dass die Gestaltungsmethode ein Werkzeug oder eine Technik bereitstellt, welches eine Verknüpfung des beschriebenen Kontextes einer intelligenten Produktionsumgebung z.B. durch Regeln oder Einschränkungen zulässt. Das heißt, es wird eine automatische Analyse der Kontextinformationen angestrebt mit dem Ziel, Schlüsse zu ziehen, wobei nach Durchlauf der Analyse eine bestimmte Gestaltungsempfehlung ausgesprochen werden kann. Aus technischer Sicht wird eine Interpretation und Auswertung von Regeln vorgenommen um Informationen zu erzeugen, die nicht explizit in der Beschreibung des Kontextes ersichtlich sind. Aus konzeptioneller Sicht soll aus einem vordefinierten Kontext auf eine gültige Spezifikation eines mobilen Interaktionsgerätes geschlossen werden. Neue Interaktionstechniken und Interaktionsressourcen müssen genauso berücksichtigt werden wie neu aufkommende Recheneinheiten und technische Standards. Da die Analysierbarkeit eine Interpretation durch ein unterstützendes Werkzeug oder eine Technik voraussetzt, sollte das Format der Modellierungssprache maschinenlesbar und –interpretierbar sein.

ANF 5 – Erweiterbarkeit

Die Erweiterbarkeit der Methode stellt eine komplementäre Eigenschaft zur Anpassbarkeit (ANF 4) dar und bezieht sich auf die Erweiterbarkeit der Modelle und auf die Erweiterbarkeit des Modellierungswerkzeuges. Im Anbetracht der Tatsache, dass die Realisierung einer Gestaltungsmethode angestrebt wird, die zukünftige mobile Interaktionsgeräte und Produktionsumgebungen berücksichtigt, ist es naheliegend, dass die Methode hinsichtlich einzelner Modelle erweiterbar ist. Es ist insbesondere darauf zu achten, dass vorhandene Regeln nicht zu komplex ausgelegt werden, so dass eine Erweiterung kontextueller Elemente und deren Regeln übersichtlich bleiben. Ein Ansatz ist es, Regeln im Sinne von Einschränkungen (Constraints) zu beschreiben. Im klassischen „constraint-based reasoning" können Modelle durch kontinuierliche Erweiterungen einen sehr hohen Grad an Komplexität erreichen und somit für den Anwender unüberschaubar werden. Ein Risiko besteht darin, dass das existierende Regelwerk durch das Hinzufügen oder Erweitern von Regeln nicht mehr einwandfrei funktioniert. Dem Anwender der Methode würde es schwer fallen nachzuvollziehen wie eine bestimmte Aussage zustande kommt, bzw. diese zu überprüfen. Eine Erweiterung einzelner Teilmodelle und vorhandener Regeln darf nicht auf Kosten der Übersichtlichkeit des Modells gehen. Es wird deshalb empfohlen das Kontextmodell in einer Sprache zu beschreiben, die dieses leisten kann. Die Erweiterbarkeit muss bereits bei der Auswahl der Sprache zur Beschreibung der Modelle berücksichtigt werden. Ebenfalls die Erweiterung im Sinne der Einbindung unterstützender Softwarekomponenten und -werkzeuge um die Anwendbarkeit der Methode zu verbessern oder anzupassen ist sinnvoll. Dies kann die Integration weiterer Produktentwicklungsphasen umfassen wie z.B. die Konstruktionsphase und die Evaluationsphase, in der ein virtuelles Produktmodell des Interaktionsgerätes evaluiert wird. Hier sollten bei dem zu entwickelndem Modellierungswerkzeug entsprechende Integrationsmechanismen vorgesehen werden.

ANF6 – Folgerbarkeit

Die Folgerbarkeit lässt aus einem vordefinierten Kontext auf eine Spezifikation eines mobilen Interaktionsgerätes folgern. Um eine belastbare Spezifikation nach dem Stand der Technik zu gewährleisten, müssen sowohl der Kontext, als auch das Modell des mobilen Interaktionsgerätes eindeutig definiert sein. Beispielsweise bei der Beschreibung und Auswahl mobiler Interaktionsgeräte müssen die Erfahrungen von Experten bzw. Expertenwissen einfließen, um die Angemessenheit der mobilen Interaktionsgeräte sicherzustellen. Darüber hinaus müssen Modelle aktuell gehalten werden, um im Einklang mit dem gegenwärtigen Stand der Technik zu sein. Neue Interaktionstechniken und Interaktionsressourcen müssen genauso berücksichtigt werden wie neu aufkommende mobile Interaktionsgeräte und technische Standards. Andererseits müssen die Modelle und zugehörigen Regeln so aufgebaut sein, dass das Schließen auf neues Wissen ermöglicht wird. Schließen auf neues Wissen folgt dem Konzept der „Open World Assumption" (OWA): Solange etwas nicht als zutreffend deklariert wird nimmt ein externer Beobachter es als zutreffend an. Es wird lediglich angenommen, dass das Wissen noch nicht zur Wissensbasis hinzugefügt wurde. Es ist deshalb sinnvoll das Modell in einer semantischen Sprache zu beschreiben, die auf einer „Open World Assumption" (OWA) basiert. Diese Anforderung erfüllen Ontologiesprachen wie OWL (Web Ontology Language). Das Hinzufügen neuer Informationen negiert vorherige Aussagen nicht. Auf diese Art kann sichergestellt werden, dass auf Basis vorhanden Wissens, neues Wissen generiert wird.

Abschließend wird der Zusammenhang zwischen funktionalen und nicht-funktionalen Anforderungen in Tabelle 5 dargestellt.

Die Analogie zum Ziel der Realisierung einer Methode, die eine modellbasierte Vorgehensweise zur Spezifizierung mobiler Interaktionsgeräte bereitstellt ist damit hergestellt: Die Grundlage für die Spezifizierung mobiler Interaktionsgeräte stellt ein nützliches Modell dar für die Spezifizierung mobiler Interaktionsgeräte in intelligenten Produktionsumgebungen. Aus diesem Grunde ist die Aussage legitim, dass sich die nicht-funktionalen Anforderungen der Methode an den grundlegenden Anforderungen für Modelle orientieren.

4.3 Konzeptioneller Rahmen und Struktur der Modellierungsmethode

In diesem Kapitel wird der konzeptionelle Rahmen der Methode bzw. dessen Aufbau bestimmt. Auf Basis der in Kapitel 4.1 und 4.2 ermittelten funktionalen und nicht-funktionalen Anforderungen, werden zu jeder Anforderung Lösungsansätze bzw. Vorgehensweisen erarbeitet, die als Hauptelemente in die Gestaltungsmethode einfließen. Die abgeleiteten Vorgehensweisen sind in Tabelle 6 ersichtlich. Bei der Erarbeitung der Lösungsansätze wurde beispielsweise auf Umfang und Struktur der notwendigen Kontextelemente eingegangen, die in der Gestaltungsmethode berücksichtigt werden müssen. Dazu gehört beispielsweise der konzeptionelle Aufbau eines Kontextmodells. Weiterhin werden einzusetzende Modellierungsprinzipen, Techniken, und Werkzeuge empfohlen und erläutert, mit denen die Teilelemente des Kontextmodells aufgebaut und miteinander verknüpft werden. Die Zusammenfassung und Visualisierung der Gestaltungsmethode erfolgt letztlich in einem Vorgehensmodell.

Tabelle 5: Verknüpfung funktionaler und nicht-funktionaler Anforderungen

Funktionale Anforderung (AFn)	Nicht-Funktionale Anforderung (ANFn)
AF1 - Berücksichtigung der Arbeitssituationen in intelligenten Produktionsumgebungen	Anwendbarkeit/Allgemeingültigkeit
AF2 - Einbeziehung mobilitätsrelevanter Aspekte des Benutzers	Analysierbarkeit
AF3 - Einbeziehung der Arbeitsumgebung des Benutzers	Anpassbarkeit
AF4 - Berücksichtigung angemessener mobiler Interaktionsgeräte	Anpassbarkeit/Erweiterbarkeit
AF5 - Unterstützung der Auswahl angemessener mobiler Interaktionsgeräte	Folgerbarkeit/Analysierbarkeit
AF6 - Ermöglichung einer Analyse und Kommunikation von Szenarien	Anwendbarkeit/Analysierbarkeit

Eine Grundvoraussetzung, um den Modellierungsansatz zu verstehen, ist die Erläuterung der zu erstellenden Teilmodelle. In den nächsten Abschnitten wird deshalb auf Umfang und Art der zu erstellenden Teilmodelle näher eingegangen.

4.3.1 Umfang und Art der zu erstellenden Teilmodelle

Der Modellierungscharakter der Gestaltungsmethode bzw. die hinreichende Beschreibung des gesamten Kontextes kann mit Hilfe spezifischer Teilmodelle erfolgen. Dabei ist es das Ziel Umfang und Art der Teilmodelle zu identifizieren, die zur Beschreibung eines Kontextmodells hinreichend sind. Die Identifikation relevanter Kontextelemente für die Teilmodelle gründet sich auf einer qualitativen Untersuchung zur Kategorisierung von Kontext in zukünftigen Produktionsumgebungen. Vor diesem Hintergrund wurden notwendige Aspekte von Kontext für zukünftige Produktionsumgebungen identifiziert und in ein erweitertes Kontextmodell für die Spezifizierung von Wearable Computing Systeme überführt [Kirisci, Kluge, u. a. 2011]. Als Grundlage diente das Modell von Schmidt für „Context-Aware Mobile Computing" (vgl. Abbildung 12). Abbildung 14 veranschaulicht das erweiterte Modell für die Beschreibung von Kontext in industrielle Produktionsumgebungen. Repräsentativ für mobile Interaktionsgeräte liegt hier der Fokus auf Wearable Computing Systeme. Diese Interaktionsgeräte können aufgrund ihrer erweiterten Interaktionsmöglichkeiten in intelligenten Produktionsumgebungen eingesetzt werden.

Tabelle 6: Abgeleitete Vorgehensweisen zur Entwicklung der Gestaltungsmethode

Nicht-Funktionale Anforderung (ANFn)	Vorgehensweisen	Funktionale Anforderung (AFn)
ANF1 – Allgemeingültigkeit	Identifikation notwendiger Teilmodelle und deren Beschreibung in Form von Arbeitssituationen innerhalb eines Referenzkonzeptes.	AF1 - Berücksichtigung der Arbeitssituationen in intelligenten Produktionsumgebungen
ANF2 – Anwendbarkeit	Entwicklung eines Modellierungswerkzeugs, welches sowohl eine einfache Erstellung und Bearbeitung vorhandener Modelle ermöglicht, als auch dessen Visualisierung unterstützt.	AF1 - Berücksichtigung der Arbeitssituationen in intelligenten Produktionsumgebungen AF6 - Ermöglichung einer Analyse und Kommunikation von Szenarien
ANF3 - Anpassbarkeit	Integration eines Mechanismus zur Konfiguration der Kontextelemente Mithilfe des entwickelten Modellierungswerkzeuges.	AF3 - Einbeziehung der Arbeitsumgebung des Benutzers AF4 - Berücksichtigung angemessener mobiler Interaktionsgeräte
ANF4 - Analysierbarkeit	Erstellung eines eindeutigen Regelwerkes zwischen Teilmodellen, sowie Auswahl und Einsatz eines geeigneten Analysewerkzeuges zur Überprüfung der Konsistenz der Regeln.	AF2 - Einbeziehung mobilitätsrelevanter Aspekte des Benutzers AF5 - Unterstützung der Auswahl angemessener mobiler Interaktionsgeräte AF6 - Ermöglichung einer Analyse und Kommunikation von Szenarien

Nicht-Funktionale Anforderung (ANFn)	Vorgehensweisen	Funktionale Anforderung (AFn)
ANF5 - Erweiterbarkeit	Sicherstellung der Erweiterbarkeit der Teilmodelle und der Integration von Softwarewerkzeugen im weiteren Verlauf des Produktentwicklungsprozesses, durch die Auswahl einer geeigneten Modellierungssprache, und durch die Bereitstellung entsprechender Integrationsmechanismen. Die Beschränkung des Grades an Komplexität beim Regelwerk trägt dazu bei, dass eine einfache Erweiterung der Teilmodelle möglich ist.	AF4 - Berücksichtigung angemessener mobiler Interaktionsgeräte
ANF6 - Folgerbarkeit	Beschreibung des Kontextmodells in einer semantischen Sprache (Ontologiesprache), um vorhandenem Wissen auf neues Wissen zu schließen (open world assumption). Die Interpretation und Auswertung von Regeln muss sichergestellt sein, um neues Wissen zu erzeugen.	AF5 - Unterstützung der Auswahl angemessener mobiler Interaktionsgeräte

In Anlehnung zu dem Modell von Schmidt, wurde die Unterscheidung zwischen Mensch- (Human Context) und Umgebungskontext (Environment Context) beibehalten. Diese sind wiederum mit den Funktionalitäten und Eigenschaften eines potenziellen Wearable Computing Systems verknüpft. Dabei ist der Menschkontext direkt mit der Identität des Nutzers, seinen Aufgaben und Interaktionen mit seiner Umgebung verknüpft.

Hier greifen alle Situationen, die auf irgendeine Art mit den menschlichen Sinnen erfasst werden können. Die Idee ist, dass der Menschkontext einen direkten Einfluss auf die Art der Interaktionsressourcen und –modalitäten, welche durch das mobile Interaktionsgerät unterstützt werden, haben sollte. Der Umgebungskontext wird als die Art von Kontext definiert, der sich aus dem Menschkontext ergibt und der durch ein intermediäres System erfasst werden kann [Reponen & Mihalic 2006]. Der Umgebungskontext ist in der Regel ein dynamischer Kontext, wie z.B. die Bedingungen der physischen Arbeitsumgebung (e.g. Lichtverhältnisse, Temperatur, Infrastrukur), sowie auch der technischen Eigenschaften der Objekte in der Umgebung. Ein typisches Merkmal zukünftiger Produktion-sumgebungen ist die Konvergenz von Menschkontext und Umgebungskontext, was gleichermaßen bei der Spezifizierung von Wearable Computing Systemen berücksichtigt werden sollte.

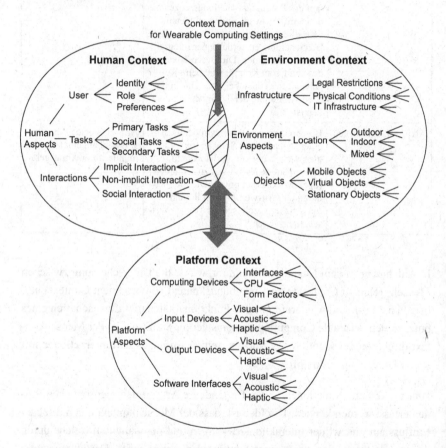

Abbildung 14: Erweitertes Kontextmodell für den Einsatz von Wearable Computing Systeme
in Produktionsumgebungen

Darüber hinaus ist ein Modell potenzieller physischer Interaktionskomponenten erforderlich, was in der Abbildung als Plattformkontext (Platform Context) be-zeichnet ist. Der Bereich, wo Menschkontext und Umgebungskontext über bestimmte Instanzen verknüpft sind, kann als die Kontextdomäne eines Wearable Computing Systems angesehen werden. Zum Beispiel sehr helle Lichtverhältnisse in der Arbeitsumgebung alleine betrachtet, würden zu Empfehlung führen ein Display zu verwenden, das in der Lage ist, eine Anpassung an die Lichtverhältnisse vorzunehmen. Wenn auch als Menschkontext berücksichtigt wird, dass zum Beispiel die Primäraufgabe die volle visuelle Aufmerksamkeit des Nutzers erfordert, würde die Empfehlung, die sich durch die Einschränkung des Umgebungskontextes ergeben hat, aufheben und zu einer alternativen Gestaltungsempfehlung führen.

Abstrahiert man die Kontextelemente des erweiterten Kontextmodells, können sechs unterschiedliche Kontextelemente für ein geeignetes Kontextmodell identifiziert werden wie in Abbildung 15 dargestellt ist.

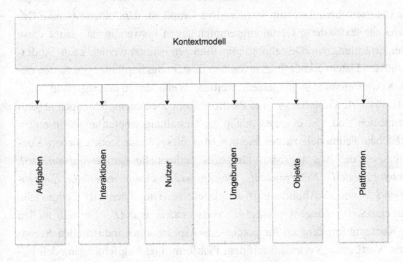

Abbildung 15: Übersicht der Kontextelemente für ein Kontextmodell

Anhand der identifizierten Kontextelemente lässt sich eine genauere Spezifizierung des Kontextmodells vornehmen. Grundsätzlich können die sechs Kontextelemente in sechs einzelne Teilmodelle überführt werden. Aus dieser Perspektive geben die unterschiedlichen Kontextelemente Aufschluss über den Umfang und die Art möglicher Teilmodelle für die Gestaltungsmethode. Berücksichtigt man allerdings, dass eine Implementierung des Kontextmodells angedacht ist, sollte bereits bei der Konzeption auf die Reduzierung der Modell-komplexität und die Einhaltung nicht-funktionaler Anforderungen geachtet wer-den. Das bedeutet, dass die Erfüllung der Anforderung der Allgemeingültigkeit des Kontextmodells dazu führt und Kontextelemente in einem hohen Abstrakti-onsgrad beschrieben werden. Somit vermeidet man die Berücksichtigung von Interaktionen im Sinne einer Verfeinerung der Arbeitsaufgaben. Vielmehr wird vorgeschlagen, Interaktionseinschränkungen, Interaktionspräferenzen und exemplarische Interaktionen der Nutzer zu berücksichtigen, da diese einen un-mittelbaren Einfluss auf die Auswahl des mobilen Interaktionsgerätes haben. Aufgrund des direkten Bezugs dieser Elemente zum Nutzer, werden diese als Aspekte des Nutzermodells integriert. Über die in Abbildung 15 definierten Kontextelemente hinaus sollten in dem Kontextmodell (neben möglicher mobi-ler Interaktionsgeräte) die potenziellen Gestaltungsempfehlungen als weiteres Kontextelement berücksichtigt werden. Der Grund ist, dass einerseits eine Da-tenbasis für textbasierte Gestaltungsempfehlungen notwendig ist, damit diese bei der Ermittlung von Gestaltungsempfehlungen genutzt werden kann. Ander-seits müssen Datenverknüpfungen von den Gestaltungsempfehlungen zu den üb-rigen Kontextelementen hergestellt werden. Wenn davon ausgegangen wird, dass textbasierte Gestaltungs- und Plattformkomponentenempfehlungen separat zu betrachten sind, ist es zweckmäßig die Gestaltungsempfehlungen in einem zusätzlichen Teilmodell zu beschreiben. Auf diese Weise stellen sieben Kon-textelemente die Ausgangsbasis für sechs Teilmodelle dar: *Aufgabenmodell, Umgebungsmodell, Nutzermodell, Objektmodell, Plattformmodell, Empfeh-lungsmodell*, wie in Abbildung 16 dargestellt ist. Die ersten vier Teilmodelle *Aufgabenmodell, Umgebungsmodell, Nutzermodell,* und *Objektmodell* stellen reine Kontextinformationen für potenzielle Aspekte eines industriellen Szena-rios zur Verfügung. Verknüpft mit dem Plattform- und Empfehlungsmodell bil-den diese die Ausgangsbasis für das Kontextmodell.

Die Struktur und der Inhalt des Kontextmodells entsprechen formal einer Samm-lung von Terminologien bzw. einem terminologischen Referenzrahmen (termi-nological reference framework) für einen spezifischen Anwendungsbereich. Diese Sichtweise ist im Einklang mit dem Verständnis einer Ontologie. Dem-nach können die Teilmodelle des Kontextmodells als Ontologie beschrieben werden. Modellinformationen werden auf diese Art als Repräsentation des

Kontextes eingesetzt. Wie bereits in Kapitel 4.2 angesprochen, liegt der Vorteil der Beschreibung der Teilmodelle in einer semantischen Sprache wie OWL (Web Ontology Language) darin, dass durch neu hinzugefügte Information bereits vorher vorhandene Informationen nicht negiert werden (Open World Assumption). Dies stellt die Voraussetzung dar um auf neues Wissen zu schließen.

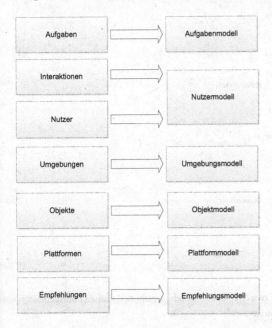

Abbildung 16: Ontologieklassen als Ausgangsbasis für die Teilmodelle

Folglich können die sechs Teilmodelle auf Basis von Ontologieklassen umgesetzt werden. Dieser Zusammenhang wird ab Kapitel 4.4 näher beleuchtet.

Abbildung 17 verdeutlicht die Datenverknüpfungen zwischen dem Empfehlungsmodell und den übrigen Teilmodellen im Kontextmodell. Die Datenverknüpfungen stellen die Grundlage zur Bildung von logischen Regeln dar.

4.3.2 Qualitative Erläuterung der Teilmodelle

In diesem Abschnitt werden die in Kapitel 4.3.1 identifizierten Teilmodelle (Aufgabenmodell, Nutzermodell, Umgebungsmodell, Objektmodell, Plattformmodell, und Empfehlungsmodell) qualitativ erläutert. Ziel ist es ein besseres Verständnis über die notwendige Wissensbasis der Teilmodelle zu vermitteln. Die qualitative Beschreibung der sechs Teilmodelle liefert Aufschluss über die notwendigen Modellinformationen, und kann deshalb bei der Implementierung als eine unterstützende Maßnahme hinzu gezogen werden.

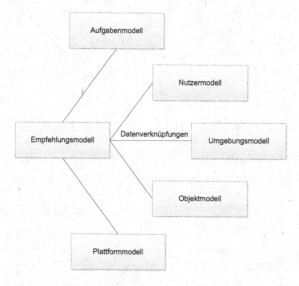

Abbildung 17: Datenverknüpfungen zwischen dem Empfehlungsmodell und den übrigen Teilmodellen im Kontextmodell

Eine quantitative und detailliertere Erläuterung der Teilmodelle mit entsprechenden Beispielen vor dem Hintergrund intelligenter Produktionsumgebungen erfolgt in Kapitel 4.5.4.

Grundsätzlich sollte die Aufgabe und Interaktion eines Nutzers im Einklang mit dem mobilen Interaktionsgerät sein, um den Nutzer gemäß seiner Aufgabe zu unterstützen. Um ein hierfür angemessenes mobiles Interaktionsgerät zu gestalten, spielen die Merkmale der Aufgaben und menschlicher Interaktion eine Schlüsselrolle [vgl. Ishii und Ullmer 1997]. Folglich sollten die verfügbaren Interaktionskanäle mobiler Interaktionsgeräte mit der Art der Aufgabe und Interaktion des Nutzers mit seiner Umgebung im Einklang sein [vgl. Jacob 2003].

Insbesondere dann, wenn die Aufgaben des Nutzers optimiert werden sollen, ist eine Analyse seiner Aktivitäten während der Ausführung seiner primären Tätigkeit notwendig. In solchen Fällen wird empfohlen, die Bewegungsmuster des Nutzers sorgfältig zu analysieren [Romeo et al. 2003]. Das Aufgabenmodell beschreibt vorrangig die primären Aktivitäten, die der Nutzer ausführt, um seine Aufgabe erfolgreich zu bewältigen. Die primären Aktivitäten umfassen ebenfalls die Interaktionen des Nutzers und können als eine Verfeinerung der Aufgabe angesehen werden. Aus diesem Grunde werden in einem Aufgabenmodell die auszuführenden Tätigkeiten fallweise in unterschiedlichen Verfeinerungsstufen spezifiziert, wobei Aufgaben und Interaktionen als Sammlungen hierarchisch aufgebauter Aufgabenprofile beschrieben werden können.

Das Aufgabenmodell besitzt den höchsten Stellenwert von allen notwendigen Teilmodellen, da Produktionsszenarien als aufgabenbasiert angesehen werden können. Das bedeutet, dass die Aufgaben des Nutzers die Grundlage bilden, mobile Interaktionsgeräte hinreichend zu beschreiben [vgl. Bomsdorf 1999].

Die technischen und konzeptionellen Merkmale von zukünftigen Produktionsumgebungen haben einen signifikanten Einfluss auf die geforderten Funktionen und Eigenschaften mobiler Interaktionsgeräte. Insofern ist es möglich, dass bestimmte Einschränkungen oder Bedingungen in der Arbeitsumgebung vorliegen, wie etwa extreme Geräuschkulissen, sich kontinuierlich verändernde Lichtverhältnisse, schwankende Temperaturen oder rechtliche Restriktionen. All diese Umgebungsbedingungen können die Interaktionen der Anwender einschränken, und somit die erforderlichen Eigenschaften eines mobilen Interaktionsgerätes bestimmen (z.B. die Art der Eingangs- und Ausgangsmodalitäten, Größe und Auflösung des Displays, Unterstützung bestimmter drahtloser Schnittstellen etc.). Kontinuierlich wechselnde Umgebungsbedingungen sind bei Instandhaltungstätigkeiten, wo ein ständiger Ortswechsel erforderlich ist, die Regel. Die Einbeziehung des Kontextes der Umgebung wird aus diesen Gründen als ein notwendiges Kriterium angesehen, um mobile Endgeräte zu gestalten [Karat et al. 2003].

> **Das Umgebungsmodell** beschreibt die vorherrschenden physischen, konzeptionellen und sozialen Bedingungen unter denen der Nutzer seine Aufgabe ausführt.

Das Nutzermodell beschreibt die Attribute, Rollen und Präferenzen des Nutzers [Mohamad & Kouroupetroglou 2012]. Da die Aufgabe eines Nutzers oft in einer Beziehung zu den Rollen und Präferenzen des Nutzers steht, werden Nutzermodelle (Benutzermodelle) für die Modellierung von Benutzungsschnittstellen hinzugezogen. Insbesondere in industriellen Umgebungen ist es möglich, dass Nutzer unterschiedliche Rollen, Interaktionseinschränkungen oder Präferenzen haben können. Je nach der Rolle des Nutzers variieren die Aufgaben. Die Gestaltungsempfehlungen des mobilen Interaktionsgerätes werden dadurch beeinflusst. Eine unmittelbare Beziehung zwischen den Rollen der involvierten Akteure (z.B. Servicetechniker, Meister, Ingenieure, Produktionsleiter etc.) und einer Gestaltungs- oder Plattformempfehlung lässt sich nicht unmittelbar herstellen. Deshalb spielt zwar die Rolle des Nutzers im Nutzermodell eine untergeordnete Rolle, aber die Interaktionseinschränkungen und -präferenzen des Nutzers stehen im Vordergrund beim Nutzermodell.

> **Das Nutzermodell** wird als notwendiges Teilmodell für das Kontextmodell angesehen. Prinzipiell berücksichtigt das Nutzermodell alle nutzerbezogenen physischen Einschränkungen (sitzende/liegende Tätigkeiten, Hände im Einsatz für manuelle Tätigkeiten etc.) und die vorhandenen Interaktionspräferenzen.

Die physischen Objekte in intelligenten Produktionsumgebungen besitzen in der Regel eine hohe technologische Komplexität. In Kapitel 2.2 wurde auf die Thematik näher eingegangen, dass sich intelligente Produktionsumgebungen durch das Vorhandensein intelligenter Objekte auszeichnen. Diese intelligenten Objekte können als Maschinen, Werkzeuge, Betriebsmittel, Fahrzeuge oder Produkte repräsentiert sein und stellen technologisch-erweiterte Entitäten dar, die in einer direkten Abhängigkeit zu den Eigenschaften und Funktionalitäten eines mobilen Interaktionsgerätes stehen [Van der Veer 1989]. Erweiterte Funktionalitäten von Objekten sind beispielsweise drahtlose Kommunikationsschnittstellen um eine Kommunikation mit der Umgebung oder mit anderen Objekten zu ermöglichen. Als Konsequenz hat ein menschlicher Akteur die Möglichkeit, über entsprechende Interaktionsgeräte, mit physischen Objekten Informationen auszutauschen bzw. mit diesen zu interagieren. Partizipierende physische Objekte sollten deshalb herangezogen werden die Fähigkeiten mobiler Interaktionsgeräte mitzubestimmen. Beispielsweise müssen mobile Interaktionsgeräte bestimmte drahtlose Übertragungstechniken unterstützen und physische Schnittstellen bereitstellen, um Informationen mit Objekten auszutauschen.

Die Objekte einer intelligenten Produktionsumgebung werden mit Hilfe eines **Objektmodells** beschrieben. Hier ist es das Ziel, die technischen Attribute physischer Objekte der Umgebung, welche bei der Tätigkeit des Anwenders eine Rolle spielen, hinreichend zu beschreiben. Im Einklang mit diesem Ziel, ist das Objektmodell ein notwendiges Teilmodell für das vorgesehene Kontextmodell.

Das Plattformmodel spezifiziert die technischen Funktionalitäten und Eigenschaften des mobilen Interaktionsgerätes. Hierzu gehören die Interaktionsfähigkeiten sowie physische und sensorische Elemente der enthaltenen Eingabe- und Ausgabegeräte, sowie der Kommunikationsmodule. Das hier bezeichnete Plattformmodell wird bei der HCI (Human-Computer-Interaction) als „Gerätemodell" (device model) bezeichnet [Martikainen 2002]. Hinckley argumentierte zu einer Zeit, als mobile Endgeräte in der Industrie noch nicht weit verbreitet waren, dass technische Aspekte wie Sensoren und Ein- und Ausgabetechniken bei der Gestaltung mobiler Interaktionsgeräte Berücksichtigung finden sollten [Hinckley 2003]. Insbesondere vor dem Hintergrund neuer Interaktionsparadigmen, wie im Ubiquitous Computing, ist es von zunehmender Bedeutung, dass diese technischen Aspekte in mobilen Interaktionsgeräten verankert sein müssen.

Die Planung neuer Interaktionsmechanismen in mobilen Interaktionsgeräten ist ein kritischer Aspekt in intelligenten Produktionsumgebungen. Die Definition eines umfassenden **Plattformmodells** stellt somit ein notwendiges Teilmodell in dem Referenzkonzept dar.

Vor diesem Hintergrund besitzt das Plattformmodell einen besonderen Status im Kontextmodell, da seine Elemente in einer direkten Beziehung zu den vier anderen vorgeschlagenen Teilmodellen (Aufgabenmodell, Umgebungsmodell,

Nutzermodell, Objektmodell) stehen. Im engeren Sinne sind die Elemente des Plattformmodells nicht als typischer Kontext laut der Definition in Kapitel 2.2 zu betrachten, aber dennoch ein notwendiger Bestandteil des Referenzkonzeptes. Analog wird im nächsten Abschnitt das Empfehlungsmodell beschrieben.

Bei den Gestaltungsempfehlungen handelt es sich um textbasierte qualitative oder/und quantitative Gestaltungsempfehlungen bezüglich der Gestaltung des mobilen Interaktionsgerätes. Diese können auf existierende Gestaltungsrichtlinien und Normen (z.B. ISO und DIN) oder auf den speziellen Erfahrungswerten von Produktentwicklern basieren. Hier sollte es das Ziel sein Regeln zu definieren, die eine spezifische Empfehlung oder die Funktionalität einer Plattform-Komponente (z.B. visueller Output, haptischer Input etc.) mit der zugehörigen Plattform-Komponente (z.B. Ausgangs- oder Eingangskomponente) verknüpfen. Gemäß dieser Vorgehensweise können Empfehlungsklassen eines Empfehlungsmodells für die Ermittlung und Darstellung einer textbasierten Gestaltungsempfehlung verwendet werden.

> **Das Empfehlungsmodell** ist für das Kontextmodell ein notwendiges Teilmodell, welches dazu dient potenzielle Gestaltungsempfehlungen zu beschreiben und abzuspeichern.

Im Vordergrund des nächsten Kapitels steht die Beschreibung der Gestaltungsmethode mit dem Fokus auf die Anwendung des Kontextmodells. Dabei werden die Vorgehensschritte zum Erhalt von Gestaltungsempfehlungen und Empfehlungen für die Plattformkomponenten exemplarisch beschrieben. Eine detailliertere und quantitative Betrachtung der sechs Teilmodelle wird hier auch berücksichtigt. Auf deren Grundlage erfolgt in Kapitel 5 die Implementierung.

4.4 Modellierungsansatz mit Teilmodellen auf Basis von Objekteigenschaften

Die vorgestellten Teilmodelle können mit Hilfe einer Ontologie beschrieben werden, deren Struktur aus Klassen (Classes), Instanzen (Individuals), Eigenschaften (Properties) und Relationen (Relations) besteht. Dies kann über Objekteigenschaften erfolgen, wobei Objekteigenschaften der Definition der

Relationen zwischen den Klassen dienen. Als Mediatoren zwischen den Klassen kommen Kommunikationsbeziehungen zum Einsatz. Durch die Definition der Objekteigenschaften können diese in verschiedene logische Regeln überführt werden, um die Voraussetzung zu schaffen, dass die grundlegenden Komponenten eines modellierten Szenarios abgeleitet werden. In Abbildung 18 ist der Modellierungsansatz auf Basis von Objekteigenschaften dargestellt. Mit Hilfe der Elemente des Plattformmodells und des Empfehlungsmodells können logische Regeln integriert werden, die festlegen in welchem Kontext ein bestimmtes Interaktionsgerät benutzt werden soll bzw. wie Gestaltungsempfehlungen für ein bestimmtes Szenario ausfallen. Die logischen Regeln können aus Gründen der Erweiterbarkeit und Übersichtlichkeit separat abgespeichert werden.

In Anbetracht der Notwendigkeit konkrete Gestaltungsempfehlungen für die Produktgestaltung bereitzustellen, ist die Herangehensweise auf Grundlage von Objekteigenschaften mit Nachteilen behaftet, welche im folgenden Kapitel näher erläutert werden.

4.5 Modellierungsansatz mit Teilmodellen auf Basis von Dateneigenschaften

Wenn ein bestimmtes Szenario zu konkreten Gestaltungsempfehlungen führen soll, wie etwa die Empfehlung einer Plattformkomponente, wo etwa reelle Werte oder Kategorien zur Beschreibung der Eigenschaften der Plattformkomponenten (z.B. Dimension und Oberflächenbeschaffenheit) bereitgestellt werden, lässt sich dieses nur im begrenzten Umfang mit Hilfe von Relationen zwischen Klassen und Instanzen realisieren. Für die reellen Werte müssten, je nach Wert, einzelne Empfehlungsinstanzen erzeugt und diese mit den jeweiligen Benutzungsschnittstellen verbunden werden. Der erforderliche Aufwand zur Beschreibung der Instanzen einer Komponente, die sich durch eine Vielzahl verschiedener Eigenschaften auszeichnen können, wäre ausgesprochen hoch.

Die Definition von abstrakten Dateneigenschaften (Data Properties) anstelle von Objekteigenschaften ist aus diesem Grunde vorteilhafter. Auf diese Weise kann die Komplexität reduziert und gleichzeitig die Nutzbarkeit und Erweiterbarkeit

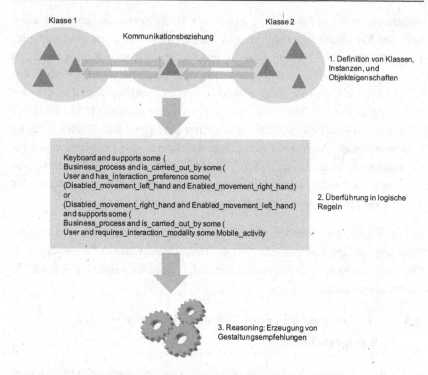

Abbildung 18: Modellierungsansatz auf Basis von Objekteigenschaften

des Systems durch plausible und nachvollziehbare Arbeitssituationen erhöht werden.

Um im Verknüpfungsprozess der Teilmodelle, das Kontextmodell zu konzipieren, spielen Instanzen, Dateneigenschaften, und die Bildung von Mitgliedern eine wichtige Rolle. Zum besseren Verständnis des Verknüpfungsprozesses der Ontologieklassen werden diese Elemente in dem nächsten Abschnitt erläutert.

4.5.1 Die Instanzen und Dateneigenschaften

Die Instanzen sind in diesem Ansatz die Mitglieder von Klassen oder Unterklassen und besitzen Dateneigenschaften. Die Dateneigenschaften der Instanzen können individuell in Form einer Kategorie oder einer reellen Zahl dargestellt.

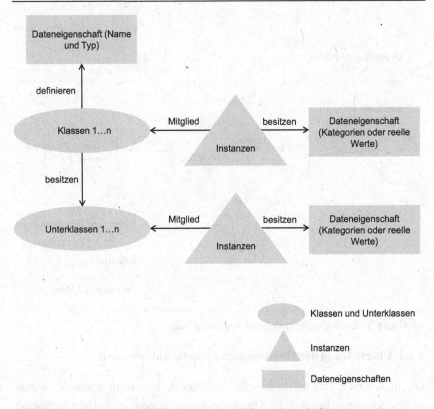

Abbildung 19: Klassen, Unterklassen, Instanzen, und Dateneigenschaften

sein, wobei Name und Typ der Dateneigenschaft innerhalb der Klassen definiert werden. Jede Klasse und Unterklasse kann umgekehrt unterschiedliche Instanzen besitzen, wie in Abbildung 19 verdeutlicht wird.

Beispiel: In einer Umgebung (Klasse), ist ein Produktionsbereich eine Instanz. Die Umgebungsgeräusche im Produktionsbereich sind die individuellen Dateneigenschaften. Diese können z.B. als Zahlenfolge (String) abgespeichert werden (z.B. 1=leise, 2=normal, 3=laut). Der Name der Dateneigenschaft: „Umgebungsgeräusche" und der Typ: String werden in der Klasse Umgebung definiert. Die Instanz „Produktionsbereich" wird gleichzeitig der Klasse „Umgebung" als Mitglied zugeordnet (siehe Abbildung 20).

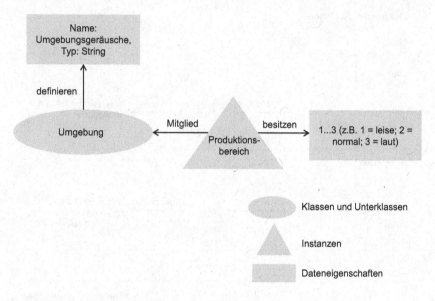

Abbildung 20: Übersicht einer möglichen Profilumgebung

4.5.2 Überführung der Ontologieklassen in ein Initialmodell

Die in Kapitel 4.3 abgeleiteten sechs Teilmodelle können in Analogie zu dem vorangegangenen Beispiel als Ontologieklassen dargestellt werden. Begründet wird dies dadurch, dass eine Ontologieklasse die Bezeichnung des jeweiligen Betrachtungsraumes wiedergibt. Da die Kontextelemente einen Betrachtungsraum darstellen (z.B. Nutzer, Umgebung, etc.) ist es legitim diese als Ontologieklassen aufzunehmen. Die Verknüpfung der sechs Ontologieklassen ist ein notwendiger Prozess, um die Grobstruktur des zu erstellenden Modells zu erhalten. Diese Grobstruktur stellt eine wiederverwendbare Ausgangsdatenbasis bereit um spezifische Modelle zu generieren. Aufgrund dieser Eigenschaften wird dieses Ausgangsmodell als Initialmodell bezeichnet, was demnach aus sechs Ontologieklassen zusammengesetzt wird. Eine Darstellung der einzelnen Schritte um das Initialmodell zu erhalten geht aus Abbildung 21 hervor.

Die erste Voraussetzung ist die Definition von Namen und Typ für die Dateneigenschaften der einzelnen Klassen, da diese zu Beginn des Verknüpfungsprozesses noch nicht festgelegt sind.

Als Beispiel kann ein Nutzer (Klasse) die Dateneingenschaft haben, dass die Bewegung seiner Hände eingeschränkt ist, wobei mögliche Parameter „Ja" oder „Nein" sein können. Dies wird für alle sechs Ontologieklassen suksessiv realisiert. Anschließend werden reelle oder kategorische Werte für die Dateneigenschaften der Instanzen festgelegt. Auf dieser Grundlage ergibt sich dann das Initialmodell, welches statisch ist und aus einer einfachen Klassenstruktur besteht. Das Initialmodell stellt die Ausgangsbasis für die Verknüpfung der Ontologieklassen zur Verfügung.

4.5.3 Überführung des Initialmodells in ein Finales Modell

Abbildung 22 verdeutlicht die Vorgehensweise um aus einem Initialmodell ein finales Modell zu erhalten. Nach der Erstellung der Klassenstruktur für das Initialmodell, werden für das Aufgabenmodell die Tätigkeiten aufgrund ihrer Dateneigenschaften klassifiziert. Hierzu erfolgt eine Profilbildung. Dieser Schritt wird nur für das Aufgabenmodell durchgeführt, um bei der Aufgabenkonfiguration eine nachvollziehbarere Aufgaben- und Tätigkeitsselektion zu realisieren. Das bedeutet, die Instanzen (d.h. Tätigkeiten 1…n) werden anhand ihrer Aufgabenzugehörigkeit in verschiedene Klassen unterteilt. Auf diese Weise werden die Instanzen zu Mitgliedern bestimmter Klassen, die wiederum die Aufgaben darstellen.

Im Anschluss wird das Regelwerk für die Gestaltungsempfehlungen und für die Plattformempfehlungen festgelegt, wobei die Regeln und Einschränkungen als Textdateien in den Instanzen und den dazugehörigen Dateneigenschaften abgelegt werden. Innerhalb dieser Elemente werden die Regeln den jeweiligen Instanzen zugewiesen, was separat für die Aufgaben, Umgebung, Nutzer, und Objekte durchgeführt wird. Beispielsweise könnte ein Aufgabenregeltyp festlegen, dass wenn die Bewegung der Hände des Nutzers eingeschränkt ist, die hierfür zugewiesene Gestaltungsempfehlung und Plattformempfehlung gelten soll.

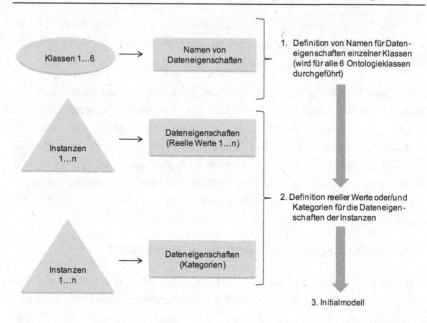

Abbildung 21: Bildung des Initialmodells

Diese Informationen kann ein semantischer Reasoner verarbeiten. Der semantische Reasoner, auch als *Reasoning Engine* oder *Rules Engine* bezeichnet, ist eine Software, die es ermöglicht, aus festgestellten Fakten oder Axiomen logische Schlussfolgerungen zu ziehen. Des Weiteren, werden den Profilen durch Textdateien verschiedene Informationen zugeordnet. Dies können Einschränkungen des Nutzers sein oder die Spezifizierung einer bestimmten Tätigkeit.

Das Endergebnis stellt das finale Modell dar, was im Gegensatz zum Initialmodell, dynamische Eigenschaften besitzt, da die Elemente dynamisch miteinander verknüpft sind. Im finalen Modell werden die Instanzen zu Mitgliedern neuer Klassen.

Abbildung 23 veranschaulicht exemplarisch den Zusammenhang zwischen einem Regelwerk und den Dateneigenschaften innerhalb einer Ontologie.

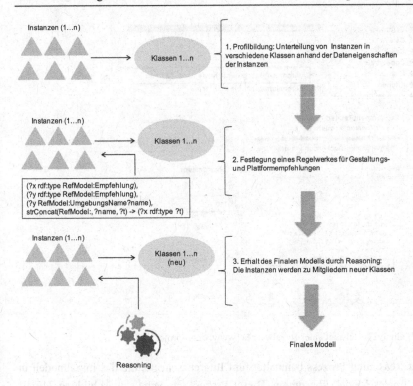

Abbildung 22: Vorgehensweise vom Initialmodell zum finalen Modell

Bezogen auf einen Produktionsbereich (Instanz) mit Umgebungsgeräuschen (Dateneigenschaften), werden die Dateneigenschaften als reelle Zahl (Integer) oder Kategorie (String), z.B. zwischen 1 und 9, abgespeichert. Die Syntax einer Regel wird dann mit Hilfe der Reasoning Engine in einer Textdatei erstellt. Dies kann so aussehen, dass wenn eine Empfehlung eine bestimmte Dateneigenschaft besitzt, dessen Wert spezifiziert ist, wird die Instanz automatisch Mitglied einer neuen Klasse dieses Wertes.

Während des Prozesses des Reasonings werden in der Empfehlungsklasse neue Mitglieder gebildet. Die Vorschläge werden dann in den Empfehlungen aufgezeigt, wobei einzelne Vorschläge nicht angezeigt werden, sondern die gesamten Dateneigenschaften in Profilen dargeboten werden.

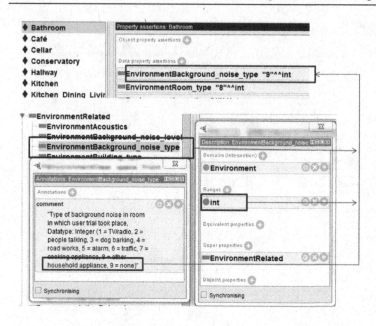

Abbildung 23: Beispiel eines Regelwerkes [www.vicon-project.eu]

Der Reasoning Prozess beinhaltet fünf Inferenzschritte, die das Initialmodell in ein finales Modell überführen. Dieser Prozess ist explizit in Abbildung 24 dargestellt. Neben den im Initialmodell gespeicherten Informationen (innerhalb der sechs Ontologieklassen), zeichnet sich das finale Modell durch die Bildung neuer semantischer Beziehungen zwischen den vorhandenen Klassen und Instanzen des Initialmodells aus. Diese werden durch die Verknüpfung entsprechender

Gestaltungs- und Plattformempfehlungen gebildet. Das heißt, einzelne Instanzen werden zu Mitgliedern neuer Klassen, und diese neuen Klassen beschreiben die Gestaltungsempfehlungen für einzelne Instanzen der Klassen: Aufgaben, Umgebung, Nutzer, und Objekte. Beispielsweise führt eine Instanz einer Aufgabe (z.B. Aufgabe_n) zu einer Gestaltungs- und Plattformempfehlung (Gestaltungsempfehlung_n + Plattformempfehlung_n). Das Endergebnis ist die Summe gültiger Gestaltungs- und Plattformempfehlungen, welche nach jedem Inferenzschritt ermittelt wird. Aus informationstechnischer Sicht handelt es sich um eine

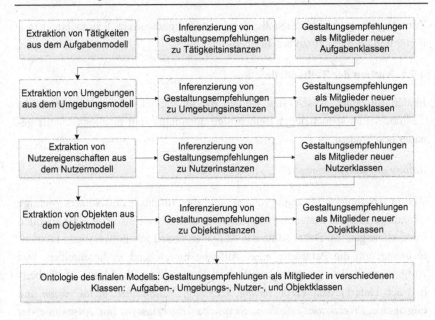

Abbildung 24: Bildung des finalen Modells aus dem Initialmodell durch Inferenzierung.

Disjunktion, wobei mehrere Empfehlungen mittels einer Veroderung verknüpft werden. In der klassischen Logik ist die Disjunktion zweier Aussagen genau dann wahr, wenn mindestens eine der beiden verknüpften Aussagen wahr ist. Abbildung 24 verdeutlicht, dass die Bildung des finalen Modells mit der sukzessiven Extraktion von Instanzen aus den jeweiligen Teilmodellen initialisiert wird. Es handelt sich dabei um eine zeitliche Abfolge von Inferenzschritten. Die Reihenfolge entspricht dem Aufbau des Kontextmodells aus. Beginnend beim Aufgabenmodell, erfolgt eine Inferenzierung von Gestaltungsempfehlungen für die jeweiligen Instanzen (Tätigkeitsinstanzen). Als Zwischenergebnis erhält man die Gestaltungsempfehlungen als Mitglieder neuer Aufgabenklassen. Dieser Vorgang wird sukzessiv für die anderen Teilmodelle Umgebungsmodell, Nutzermodell, Objektmodell durchgeführt. Am Ende der Inferenzierung aller Teilmodelle erhält man die Ontologie des finalen Modells. Dies sind die Gestaltungsempfehlungen als Mitglieder der Klassen: Aufgabenklasse, Umgebungsklasse, Nutzerklasse, Objektklasse.

Zum Aufbau des Kontextmodells, ist es notwendig, die sechs Teilmodelle detaillierter und beispielhaft zu beschrieben.

4.5.4 Aufbau der Teilmodelle

In den folgenden Abschnitten werden die in Kapitel 4.3.2 erläuterten sechs Teilmodelle in sequenzieller Reihenfolge quantitativ und in ihrer Struktur genauer beschrieben.

Aufbau des Aufgabenmodells

Wie in Abschnitt 4.3.2 angesprochen, sind die Aufgaben des Nutzers wichtige Grundlagen für die Erstellung eines zweckspezifischen Entwurfes eines mobilen Interaktionsgerätes. Daher sollte das Aufgabenmodell alle notwendigen Elemente bieten, um die Parameter einer Aufgabe hinreichend zu beschreiben. Das Aufgabenmodell wie hier angestrebt besteht aus einer Oberklasse „Aufgaben" und den Unterklassen *Verbesserung, Wartung, Instandsetzung, Inspektion* und *allgemeine Produktionsaufgaben*. Sämtliche Unterklassen, mit Ausnahme der Unterklasse *allgemeine Produktionsaufgaben*, enthalten relevante Instanzen. Diese beschreiben die Grund- und Einzelmaßnahmen in Anlehnung an die Normen für die Beschreibung von Instandhaltung DIN 31051 und DIN EN 13306 darstellen [DIN Deutsches Institut für Normung e.V. 2003], [DIN Deutsches Institut für Normung e.V. 2010]. Die Instanzen dieser Unterklassen enthalten Dateneigenschaften, die wiederum die Gestaltungsempfehlungen, benötigte Funktionaltäten und Komponenten definieren. Zum Beispiel besitzt die Instanz *Prüfen* eine Dateneigenschaft *Ausgabekomponente*. Wie aus Abbildung 25 ersichtlich wird, gehören die Unterklassen *Wartung, Inspektion, Instandsetzung, Verbesserung* zur Oberklasse *Aufgaben*. Diese enthalten die Instanzen Prüfen, Ausbessern, Nachstellen, usw.

Ergänzend zu den Einzelmaßnahmen der DIN 31051 existiert in dem Aufgabenmodell die Unterklasse *allgemeine Produktionsaufgaben*. Diese Unterklasse besitzt keine Instanzen und ist direkt mit den Dateneigenschaften verknüpft. Neben den Tätigkeiten der Einzelmaßnahmen der DIN 31051 sind insbesondere praxisnahe Produktionstätigkeiten und typische Prozesse einer intelligenten Produktionsumgebung mit aufgenommen. Zur Identifikation der Tätigkeiten einer intelligenten Produktionsumgebung, wurde auf die Smart Factory Kaiserslautern [Lucke u. a. 2008] Bezug genommen. Insbesondere die in der Arbeit von [Lucke & Wieland 2007] entwickelten Prozessmodelle einer Smart Factory fanden in den Dateneigenschaften der Unterklasse *allgemeine Produktionsaufgaben* vorwiegend Berücksichtigung.

Eine vollständige Übersicht der Grund- und Einzelmaßnahmen aus Abbildung 25 ist in Abbildung 26 dargestellt [DIN Deutsches Institut für Normung e.V. 2003].

Die Instandhaltung wird als Kombination aller technischen und administrativen Maßnahmen sowie Maßnahmen des Managements während des Lebenszyklus (eines Produktes) betrachtet. Es handelt sich um ein Vorgehen zur Erhaltung des funktionsfähigen Zustandes oder der Rückführung in diesen [Ryll & Freund 2010].

Der Modellierungsansatz sieht vor, dass von jeder Aufgabe auf unterstützende Einzelmaßnahmen und Tätigkeiten zurückgegriffen werden kann, um das Modell zu konfigurieren. Das Aufgabenmodell stellt als Konsequenz die notwendigen Elemente für eine Vielzahl von möglichen Aufgabensituationen bereit. Im Anhang 9 ist eine detailliertere Beschreibung der in Abbildung 26 aufgeführten Aufgabenkataloge der Instandhaltung ersichtlich.

Die Einzelmaßnahmen des vorgestellten Wartungskataloges Instandhaltung nach DIN 31051 haben einen generischen Charakter. Das hat den Vorteil, dass eine Übertragbarkeit auf andere Arbeitskontexte unvermittelt erfolgen kann. Das Herstellen von eindeutigen Beziehungen zu Gestaltungsempfehlungen ist aber nicht unmittelbar möglich. Um diesen Konflikt zu lösen können spezifischere Tätigkeiten aus den Einzelmaßnahmen mit kontextueller Nähe zu den Einzelmaßnahmen abgeleitet werden. Beispielsweise kann zu der Einzelmaßnahme „Prüfen" die Dateneigenschaft: „Betriebsmittel Verfügbarkeit überprüfen" zugeordnet werden. Diese Tätigkeit kann dann einen direkten Bezug zu einer Gestaltungsempfehlung haben. Ein kompletter Überblick der Tätigkeiten und deren Relevanz zu den Einzelmaßnahmen der DIN 31051 erschließt sich aus der Implementierung des prototypischen Modellierungswerkzeuges.

Name der Dateneigenschaft	Kategorien oder reelle Werte
Tätigkeiten	Messungen mit Akzeptanzbereich vergleichen, Checkliste der Qualitätskontrolle anzeigen, Kommunikation mit Bluetooth Headset, Sensordatenweitergabe, Transport überwachen, Produktionsauftrag ausführen, Störungsmeldung, Lagerauftrag erstellen, Transportauftrag erstellen,...
Gestaltungsempfehlungen für die Tätigkeiten	E01...En
Benötigte Funktionalität	Speicherfunktionalität, Betriebsenergiefunktionalität, Geräteschnittstellenfunktionalität, Einlesefunktionalität, Eingabefunktionalität, Ausgabefunktionalität
Benötigte Komponente	Speicherkomponente, Geräteschnittstellenkomponente, Betriebsenergiekomponente, Sensorscankomponente, Eingabekomponente, Ausgabekomponente

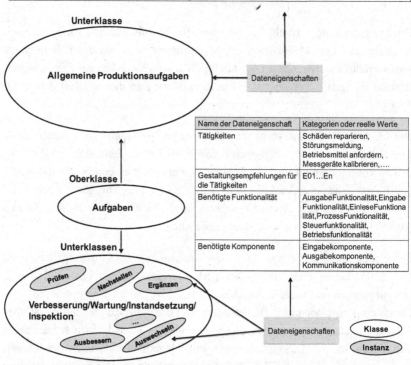

Abbildung 25: Der Aufbau des Aufgabenmodells

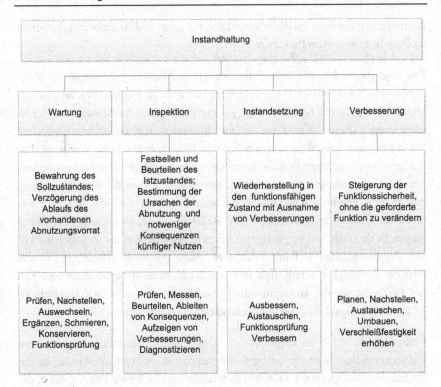

Abbildung 26: Überblick des der Grund- und Einzelmaßnahmen der Instandhaltung nach der DIN 31051

Aufbau des Umgebungsmodells

Wie in Kapitel 4.3.2 beschrieben, spielt die Umgebung für mobile Interaktionsgeräte eine wichtige Rolle bei der Beschreibung einer intelligenten Produktionsumgebung. Intelligente Produktionsumgebungen unterliegen dynamischen Veränderungen mit Auswirkungen auf die eingesetzten mobilen Interaktionsgeräte [Kirisci & Kluge 2006]. Diese Veränderungen der Umgebungsbedingungen können zu einer Schwankung verfügbarer Ressourcen und zu Interaktionseinschränkungen für Nutzer führen. Zudem können sich Umgebungseigenschaften während der Interaktion verändern. Als einfache Beispiele sind die Lichtverhältnisse oder das Geräuschniveau von bestimmten Umgebungen zu nennen. Diese können einen Einfluss auf die erforderliche Eingabe- und Ausgabemöglichkeiten mobiler Interaktionsgeräte haben.

Das hier vorgeschlagene Umgebungsmodell in Abbildung 27 bietet die Möglichkeit ein Spektrum an Umgebungseigenschaften zu beschreiben und zu implementieren. Zu der Klasse der *Umgebung* gehört die Unterklasse *Produktionsumgebung*. Diese Unterklasse enthält Instanzen, die die unterschiedlichen Varianten einer Produktionsumgebung, wie Produktionsbereich, Werkstatt, Labor usw. kennzeichnen. Die Instanzen enthalten wiederum Dateneigenschaften, welche die physischen, sozialen und konzeptionellen Aspekte einer Umgebung beschreiben. Die physische Umgebung bezieht sich auf die einwirkenden Parameter der Umgebung, z.b. Temperatur, Beleuchtung der Umgebung oder Belastungen in der Luft, um nur einige zu nennen. Aspekte wie die Wahrscheinlichkeit der potentiellen Gefahren, die notwendige Aufmerksamkeit des Nutzers oder die Zulässigkeit von Kabeln in einem bestimmten Arbeitsbereich sind Teil der Beschreibung der konzeptionellen Umgebung. Die sozialen Aspekte beinhalten zum Beispiel die Akzeptanz eingesetzter Technologien.

Eine Aufgabe kann in verschiedenen Umgebungen ausgeführt werden. Ein wahrscheinliches Szenario ist ein Arbeitsprozess in einer Werkhalle, einem Produktionsbereich oder Labor. Ein anderes Beispiel wäre eine Servicekraft, die in einem fahrenden Fahrzeug (z.B. Gabelstapler) arbeitet. Dabei sind die Umgebungseinflüsse einem ständigen Wechsel unterworfen. In dem Umgebungsmodell wurde bewusst nicht bei den Unterklassen zwischen einer statischen und dynamischen Umgebung unterschieden. Ein dynamisches Szenario wird dadurch beschrieben, dass alle in einer Arbeitssituation relevanten Umgebungen berücksichtigt bzw. ausgewählt werden.

Aufbau des Nutzermodells

Die Grundidee dieses Nutzermodells besteht darin, die Instanziierung personengebundener Akteure zu ermöglichen. In dem Nutzermodell können die Nutzerinteraktionen, Nutzereinschränkungen und Nutzerpräferenzen eines Nutzers in Abhängigkeit von einem bestimmten Anwendungsfall modelliert werden.

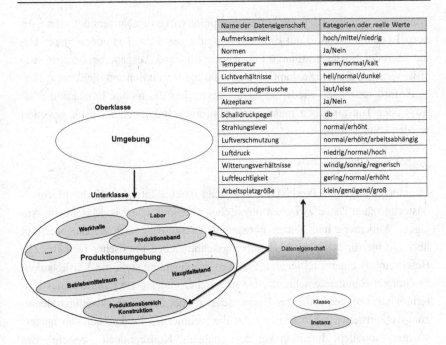

Name der Dateneigenschaft	Kategorien oder reelle Werte
Aufmerksamkeit	hoch/mittel/niedrig
Normen	Ja/Nein
Temperatur	warm/normal/kalt
Lichtverhältnisse	hell/normal/dunkel
Hintergrundgeräusche	laut/leise
Akzeptanz	Ja/Nein
Schalldruckpegel	db
Strahlungslevel	normal/erhöht
Luftverschmutzung	normal/erhöht/arbeitsabhängig
Luftdruck	niedrig/normal/hoch
Witterungsverhältnisse	windig/sonnig/regnerisch
Luftfeuchtigkeit	gering/normal/erhöht
Arbeitsplatzgröße	klein/genügend/groß

Abbildung 27: Das Umgebungsmodell

Wie in Abbildung 28 zu sehen ist, besteht das Nutzermodell aus nur einer Klasse „Nutzer". Als Dateneigenschaften sind die Nutzerinteraktionen, Nutzereinschränkungen und Nutzerpräferenzen definiert.

Über diese Dateneigenschaften der Nutzerklasse ist es möglich, die jeweiligen Interaktionseinschränkungen, Interaktionen und die vorhanden Interaktionspräferenzen des Nutzers zu spezifizieren, die aus der Arbeitssituation hervorgehen. Die Nutzerinteraktionen beziehen sich auf die kognitiven und motorischen Fähigkeiten und Einschränkungen des Nutzers in Bezug auf die Interaktion mit einem mobilen Interaktionsgerät. Eine motorische Einschränkung des Nutzers gibt somit Auskunft über die erforderlichen Funktionalitäten und Eigenschaften des mobilen Interaktionsgerätes. Nutzereinschränkungen hingegen können durch das Tragen einer speziellen Arbeitskleidung wie eines Gehörschutzes oder durch die räumliche Beschaffenheit des Arbeitsplatzes gekennzeichnet sein. Neben den expliziten Interaktionen des Nutzers und den Interaktionseinschränkungen, können im Nutzermodell die Interaktionspräferenzen des Nutzers definiert werden. In einem Szenario mit Ein- und Ausgabe von Text, Ton oder anderen Daten kann der Nutzer bestimmte Formen der Ein- und Ausgabe bevorzugen, wie etwa visuelle, akustische, haptische oder taktile Interaktionsmöglichkeiten. Diese Anforderung kann wiederum dazu führen, dass das mobile Interaktionsgerät Text oder Ton ausgeben muss, per Knopfdruck (taktil) oder Gestik gesteuert werden können sollte.

Aufbau des Objektmodells

In einer intelligenten Produktionsumgebung ist eine Interaktion von informationstechnischen Daten zwischen physischen Objekten wie z.B. Maschinen, Anlagen, Werkzeuge und Nutzer notwendig. Dieser Austausch an Daten erfolgt über die hierfür ausgelegten Benutzungsschnittstellen physischer Objekte. Zur Beschreibung einer intelligenten Produktionsumgebung stellt die Verfügbarkeit bestimmter Benutzungsschnittstellen physischer Objekte ein hinreichendes Kriterium dar. Folglich sollte das Vorhandensein oder Fehlen objektseitiger Benutzungsschnittstellen einen Einfluss auf die technischen Funktionalitäten nutzerseitiger mobiler Interaktionsgeräte haben. Konzeptionell besteht das Objektmodell aus der Klasse „Objekt" und den zugehörigen Instanzen: Maschine, Anlage, Werkzeug, Fahrzeug, Produkt, Messeinrichtung und IT-System (vgl. Abbildung 29.

Die Instanzen der Objektklasse repräsentieren somit potenzielle physische Elemente einer intelligenten Produktionsumgebung. Wie in Abbildung 29 zu sehen ist, werden die Dateneigenschaften der Instanzen durch Kommunikations- und Sicherheitsschnittstellen, Identifikations- und Ortungstechniken, sowie Betriebssysteme und Speichermeiden eingebundener Objekte definiert. Es handelt sich dabei um die Benutzungsschnittstellen und Techniken, die einen Austausch digitaler Informationen über das mobile Interaktionsgerät ermöglichen. Aufgabe des Modellierers ist die physischen Objekte der intelligenten Produktionsumgebung hinreichend zu beschreiben, so dass die Kompatibilität zum mobilen Interaktionsgerät sichergestellt ist.

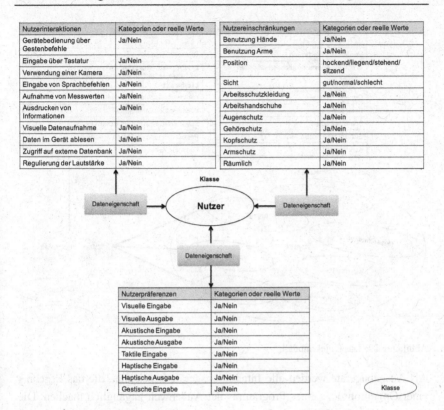

Nutzerinteraktionen	Kategorien oder reelle Werte
Gerätebedienung über Gestenbefehle	Ja/Nein
Eingabe über Tastatur	Ja/Nein
Verwendung einer Kamera	Ja/Nein
Eingabe von Sprachbefehlen	Ja/Nein
Aufnahme von Messwerten	Ja/Nein
Ausdrucken von Informationen	Ja/Nein
Visuelle Datenaufnahme	Ja/Nein
Daten im Gerät ablesen	Ja/Nein
Zugriff auf externe Datenbank	Ja/Nein
Regulierung der Lautstärke	Ja/Nein

Nutzereinschränkungen	Kategorien oder reelle Werte
Benutzung Hände	Ja/Nein
Benutzung Arme	Ja/Nein
Position	hockend/liegend/stehend/sitzend
Sicht	gut/normal/schlecht
Arbeitsschutzkleidung	Ja/Nein
Arbeitshandschuhe	Ja/Nein
Augenschutz	Ja/Nein
Gehörschutz	Ja/Nein
Kopfschutz	Ja/Nein
Armschutz	Ja/Nein
Räumlich	Ja/Nein

Nutzerpräferenzen	Kategorien oder reelle Werte
Visuelle Eingabe	Ja/Nein
Visuelle Ausgabe	Ja/Nein
Akustische Eingabe	Ja/Nein
Akustische Ausgabe	Ja/Nein
Taktile Eingabe	Ja/Nein
Haptische Eingabe	Ja/Nein
Haptische Ausgabe	Ja/Nein
Gestische Eingabe	Ja/Nein

Abbildung 28: Das Nutzermodell

Aufbau des Plattformmodells

Potenzielle technische Eigenschaften mobiler Interaktionsgeräte werden durch das Plattformmodell erschlossen. Das Plattformmodell sorgt in der Gestaltungsmethode dafür, dass durch die Verknüpfung der Aspekte anderer Teilmodelle (Aufgabenmodell, Umgebungsmodell, Nutzermodell, Objektmodell), angemessene mobile Interaktionsgeräte, geeignete Energie- und Leistungskonzepte, sowie implizite Interaktionsanforderungen angezeigt werden. Wie in Abbildung 30 zu sehen ist, repräsentiert das Plattformmodell den aktuellen Stand verfügbarer Interaktionstechnologien verschiedener Eingabe-, Ausgabe- und Kommunikationsgeräte.

Name der Dateneigenschaft	Kategorien oder reelle Werte
Identifikationstechniken	RFID/NFC/Barcode
Integrierte Kommunikationsschnittstellen	LAN/WLAN/ZigBee/USB/VGA/HDMI/ RS232/PCMCIA/Can-Bus/Klinke/IrDa/Bluetooth/3G/ LTE/Satellit
Ortungstechniken	GPS/WLAN/UWB/RFID/Proprietär
Betriebssysteme	Windows/Linux/Android/IOS
Speichermedien	SD/CF/MMC/MS/USB/Hard Disk/Optisch
Sicherheitsschnittstellen	Passwort/Fingerprint/Retina Scan/Voice
Konnektivität	Funknetz, Kabelnetz

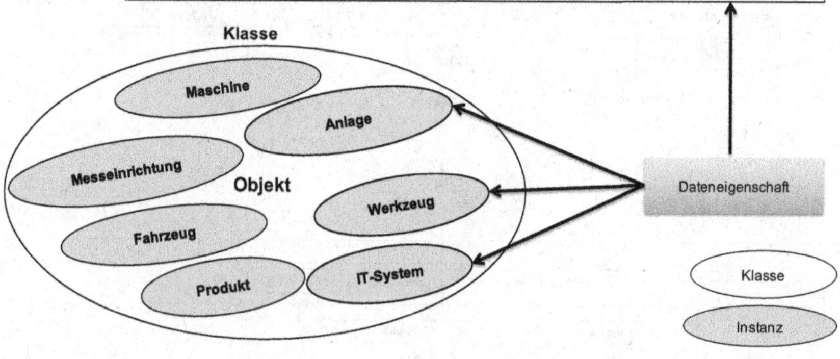

Abbildung 29: Das Objektmodell

Als Ausgabegeräte werden alle Interaktionsgeräte bezeichnet, die das Ergebnis einer Operation oder eines Programms der Außenwelt zugänglich machen. Die Eingabegeräte beinhalten die Interaktionsgeräte für eine Informationsübermittlung vom Nutzer zum Objekt. Bei den Kommunikationsgeräten werden technische Benutzungsschnittstellen modelliert, welche die Kommunikation oder den Datenaustausch zwischen den Akteuren Nutzer und Objekt ermöglichen. Die Struktur des Plattformmodells besteht aus einer Oberklasse „Plattform", sowie den Unterklassen „Eingabegeräte", „Ausgabegeräte" und „Kommunikationsgeräte". Diese bestehen aus den Instanzen visuell, akustisch, haptisch, gestisch und taktil. Die Instanzen der Oberklasse werden noch ergänzt durch Energiekonzept, Leistungskonzept und implizite Interaktion. Alle Instanzen sowohl der Ober- und Unterklassen besitzen Dateneigenschaften, die durch eine Reihe gängiger Plattformkomponenten, Energiekonzepte, Leistungskonzepte und implizite Interaktionsanforderungen und deren Kategorien beschrieben werden. Diese ausführliche Modellstruktur ermöglicht die Konfiguration eines hohen Spektrums an Geräteeigenschaften, d.h. einer Vielfalt an potenziellen Interaktionstechnologien, die in einem direkten Zusammenhang zu einem bestimmten Anwendungsszenario stehen.

Wie in Kapitel 4.1 identifiziert, sollte das Plattformmodell eine Vielzahl mobiler Interaktionsgeräte berücksichtigen, da die Anzahl potenziell angemessener mobiler Interaktionsgeräte in intelligenten Produktionsumgebungen unter Umständen sehr vielfältig und unübersichtlich ist. Für eine bestimmte Arbeitssituation in einer intelligenten Produktionsumgebung könnte die Gestaltung eines mobilen Interaktionsgerätes einerseits zu der Notwendigkeit führen völlig neue Kombinationen verfügbarer Technologien zusammenzustellen. Andererseits kann die Notwendigkeit der Entwicklung völlig neuer Eingabe- oder Ausgabegeräte gegeben sein, da diese durch vorhandene Technologien nicht abgedeckt werden. Die Bereitstellung einer hinreichenden Anzahl mobiler Interaktionskomponenten im Plattformmodell, die gleichzeitig zukünftige Interaktionskonzepte abdecken führt dazu, dass die Produktgestaltung in der Auswahl geeigneter Interaktionskomponenten nicht eingeschränkt ist. Hinzu kommt, dass durch die Einhaltung eines hohen Abstraktionsgrades bei der Beschreibung der Interaktionskomponenten gewährleistet wird, dass diese langfristig Gültigkeit haben. Die Notwendigkeit des Bedarfs der kontinuierlichen Erweiterung der Komponenten wird damit nicht verhindert, jedoch maßgeblich reduziert.

Die technischen Vor- und Nachteile jeder Plattformkomponente sollte im Gestaltungsprozess berücksichtigt werden. Das bedeutet, dass sobald über die notwendigen Eigenschaften eines mobilen Interaktionsgerätes bzw. über die Kombination bestimmter Plattformkomponenten entschieden wurde müssen die Vor- und Nachteile in Bezug auf die Gesamtlösung analysiert werden. Diese Informationen werden im Empfehlungsmodell integriert, was im nächsten Abschnitt genauer erläutert wird.

Aufbau des Empfehlungsmodells

Im Empfehlungsmodell werden die Dateneigenschaften der vorgestellten Teilmodelle zusammengeführt und die dem Modellierer angezeigten Gestaltungsempfehlungen dokumentiert. In der Struktur besteht das Empfehlungsmodell aus

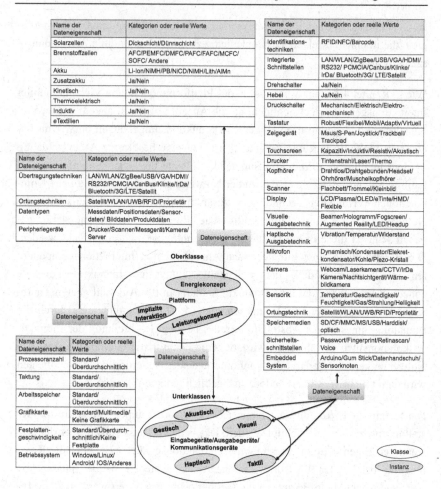

Abbildung 30: Oberklasse, Unterklasse, Instanzen und Dateneigenschaften des Plattformmodells.

einer Klasse „Gestaltungsempfehlungen", in der die Instanzen die Gestaltungs-
vorschläge bilden. Die dazugehörigen Dateneigenschaften beinhalten Informationen wie etwa die textbasierte Gestaltungsempfehlung, die Priorität und Quelle
der Gestaltungsempfehlung, die Bezeichnung der zugehörigen Plattformkomponente und die damit verbundene Benutzungsschnittstellen-Funktionalität.
Darüber hinaus ist eine Empfehlungszusammenfassung enthalten. Dies ist eine

kurze Zusammenfassung des Empfehlungstextes (z.B. Beschreibung einer QWERTZ-Tastatur). Die textbasierte Gestaltungsempfehlung beschreibt auf ausführliche Art die Gestaltungsempfehlung, die zum Entwurf des mobilen Interaktionsgerätes genutzt werden kann. Ein Beispiel wäre *„Eine QWERTZ-Tastatur ist geeignet für kleinere Geräte, mit denen viel schriftlich zu bearbeiten ist. Es gibt keine Vorgaben für die Tastengröße. Jedoch sollte diese Ihren Sinn erfüllen und andere Funktionen nicht behindern"*.

Abbildung 31 veranschaulicht das Empfehlungsmodell an einem Beispiel.

Neben den relevanten Informationen zu den Gestaltungsempfehlungen enthält das Empfehlungsmodell die Dateneigenschaften des Umgebungsmodells, der Nutzereinschränkungen und der Objekteigenschaften. Auf diese Weise wird die Relation zwischen dem Empfehlungsmodell und den genannten Teilmodellen hergestellt.

Im nächsten Unterkapitel werden die Grundlagen zur Erstellung der Datenverknüpfungen innerhalb der sechs Ontologieklassen und der Generierung der Regeln erläutert.

4.5.5 Erstellung der Datenverknüpfungen und Generierung von Regeln

Die Spezifikation eines mobilen Interaktionsgerätes kann durch entsprechende Formalisierung, wie die Definition und die Anwendung logischer Regeln innerhalb des vorgestellten Konzeptes für das Initialmodell umgesetzt werden. Laut der geforderten Eigenschaft der Analysierbarkeit der Methode müssen die Teilmodelle Aufgabenmodell, Umgebungsmodell, Nutzermodell und Objektmodell über das Empfehlungsmodell logisch miteinander in Beziehung stehen. Das bedeutet, dass für die Instanzen der sechs Ontologieklassen Datenverknüpfungen für die Ermittlung von Plattformkomponenten und Gestaltungsempfehlungen definiert werden müssen. Aus diesen Datenverknüpfungen werden durch die Anwendung eines Reasoners automatisch Regeln generiert. Informationstechnisch gesehen werden Regeln für alle Instanzen der Ontologieklassen gebildet, wo eine Relation zu einer Empfehlung hergestellt werden soll. Regeln werden folglich aus allen Instanzen generiert, in dem Werte oder Kategorien einzelner

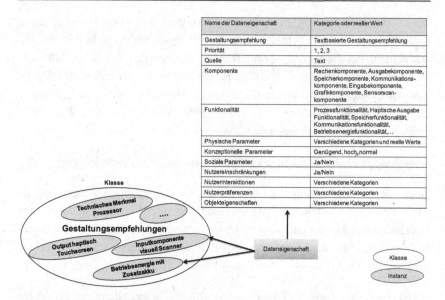

Name der Dateneigenschaft	Kategorie oder reeller Wert
Gestaltungsempfehlung	Textbasierte Gestaltungsempfehlung
Priorität	1, 2, 3
Quelle	Text
Komponente	Rechenkomponente, Ausgabekomponente, Speicherkomponente, Kommunikationskomponente, Eingabekomponente, Grafikkomponente, Sensorscankomponente
Funktionalität	Prozessfunktionalität, Haptische Ausgabe Funktionalität, Speicherfunktionalität, Kommunikationsfunktionalität, Betriebsenergiefunktionalität,...
Physische Parameter	Verschiedene Kategorien und reelle Werte
Konzeptionelle Parameter	Genügend, hoch, normal
Soziale Parameter	Ja/Nein
Nutzereinschränkungen	Ja/Nein
Nutzerinteraktionen	Verschiedene Kategorien
Nutzerpräferenzen	Verschiedene Kategorien
Objekteigenschaften	Verschiedene Kategorien

Abbildung 31: Empfehlungsmodell Beispiel

Dateneigenschaften extrahiert werden. In Abbildung 32 wird dieser Zusammenhang anhand der Datenverknüpfung zwischen einer Aufgabenklasse und Empfehlungsklasse verdeutlicht. Die Beschreibung einer Aufgabe (Inspektion) innerhalb der Ontologie umfasst als Dateneigenschaft die Beschreibung der benötigten Funktionalität (z.B. Eingabefunktionalität, Ausgabefunktionalität, Kommunikationsfunktionalität) und der benötigten Komponente (z.B. Eingabeeinheit, Ausgabeeinheit, Kommunikationseinheit). Dies stellt die Datenverknüpfung zum Empfehlungsmodell dar. In der Empfehlungsklasse (Implizite_Interaktion_Identifikationstechniken) ist umgekehrt die Datenverknüpfung zum Aufgabenmodell spezifiziert, d.h. die Beschreibungen der benötigten Funktionaltäten und Komponenten für die jeweilige Empfehlung. Für die Verknüpfung der übrigen Ontologieklassen (Nutzer, Umgebungen, Objekte, Plattformen) wird analog hierzu verfahren. Diese enthalten ebenfalls Beschreibungen der Datenverknüpfungen zum Empfehlungsmodell. Umgekehrt sind im Empfehlungsmodell Datenverknüpfungen zu den übrigen Teilmodellen spezifiziert. Folglich wird jede Empfehlung (E1...En) durch die Dateneigenschaften der Instanzen der Ontologieklassen definiert. Wird ein bestimmtes Anwendungsszenario konfiguriert, d.h. es werden Dateneigenschaften für die Instanzen der Ontologieklassen ausgewählt, dann werden durch den Reasoning Prozess die ausgewählten Dateneigenschaften mit den in dem im Empfehlungsmodell passenden Dateneigenschaften verknüpft. Auf diese Weise werden Regeln gebildet, welches die Voraussetzung darstellt das finale Modell umzusetzen.

Über die Datenverknüpfungen in den Empfehlungsklassen E1…En zu den übrigen Ontologieklassen lässt sich eine nahtlose Koexistenz zwischen den technischen Eigenschaften des mobilen Interaktionsgerätes, und dem Kontext des Anwenders und der Umgebung realisieren. Dieser Zusammenhang steht in Analogie zum Prinzip von Alexander, der Schaffung der nahtlosen Koexistenz von Form und Kontext [Alexander 1964] und bildet die Grundlage über die Aussagefähigkeit des Kontextmodells.

Zur Sicherstellung der Anforderungen der Gestaltungsmethode aus Kapitel 4.1 und 4.2 behandeln die nächsten beiden Unterkapitel die Konfiguration und Visualisierung von Arbeitssituationen und den Empfehlungscharakter der Gestaltungsmethode.

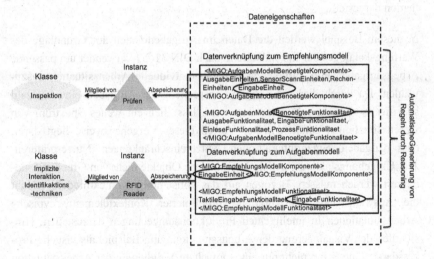

Abbildung 32: Datenverknüpfungen zwischen den Dateneigenschaften von Instanzen einer Aufgabenklasse und der Empfehlungsklasse.

4.5.6 Konfiguration und Visualisierung von Arbeitssituationen

Eine Voraussetzung für den Entwurf eines angemessenen mobilen Interaktionsgerätes für eine bestimmte Arbeitssituation ist, dass man über die Besonderheiten der zugrunde liegenden Arbeitssituation hinreichend informiert ist. Aus diesem Grunde ist es zweckmäßig die Arbeitssituationen involvierter Akteure
durch Konfiguration übersichtlich darzustellen und zu visualisieren. Die Arbeitssituation umfasst die Beschreibung der Aufgabe, der Nutzerinteraktionen
und -präferenzen, die Umgebungsbedingungen und der vorhandenen Objekte.
Gemäß der in Kapitel 4.2 angesprochenen nicht-funktionalen Anforderung
ANF2: Anwendbarkeit und der funktionalen Anforderung AF6: Ermöglichung
einer Analyse und Kommunikation von Szenarien in Kapitel 4.1, wird die Notwendigkeit einer leicht verständlichen und benutzerfreundlichen Repräsentation
einer Arbeitssituation gefordert. Diese Anforderung kann durch das vorgeschlagene Aufgabenmodell, sowie auch für alle anderen Teilmodelle in Verbindung
mit einem Auswahlmechanismus möglicher Dateneigenschaften der Instanzen
der Ontologieklassen erfüllt werden. In Abbildung 33 ist am Beispiel einer Aufgabe die Konfiguration und Visualisierung eines Ausschnittes einer Arbeitssituation dargestellt.

In diesem Beispiel werden die Daten im Aufgabenmodell auf Grundlage des
Wartungskataloges der Instandhaltung nach DIN 31051 verwendet um passende
Arbeitsaufgaben und Tätigkeiten für eine individuelle Arbeitssituation auszuwählen. Da durch diesen Konfigurationsprozess den Aufgaben eine Vielzahl
spezifischer Tätigkeiten zugeordnet wird, lässt sich ein weites Spektrum von
Arbeitssituationen darstellen. Der Vorteil dieser Vorgehensweise liegt darin,
dass Aufgaben, Nutzerinteraktionen, Nutzereinschränkungen, Nutzerpräferenzen, Umgebungsbedingungen und vorhandene Objekte nicht von Grund auf modelliert werden müssen. Bezogen auf das vollständige Kontextmodell, erlaubt
die Auswahl und Konfiguration vordefinierter Kontextelemente typische
Arbeitssituationen in intelligenten Produktionsumgebungen darzustellen. Hinsichtlich der Visualisierung der Arbeitssituation, zum Beispiel als visuelle Pro-
zessdarstellung, kann nicht nur eine einfachere Validierung der Arbeitssituation
erfolgen, sondern auch die Kommunikation von Arbeitssituationen zwischen
Mitgliedern von Produktentwicklungsteams erleichtern.

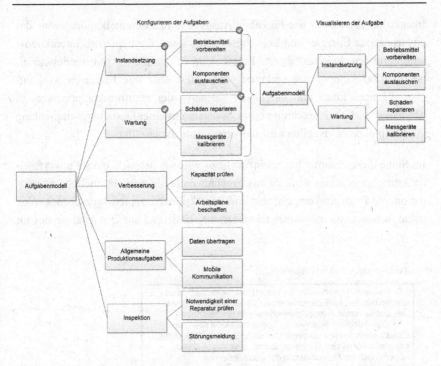

Abbildung 33: Konfiguration und Visualisierung am Beispiel einer Aufgabe.

Im nächsten Abschnitt wird auf das Kriterium des Empfehlungscharakters und der Ergebnisse der Gestaltungsmethode näher eingegangen.

4.5.7 Empfehlungscharakter und Ergebnisse der Gestaltungsmethode

Die Art der Gestaltungsempfehlung kann unterschiedliche Ebenen der Informationsdarstellung annehmen. Im grundlegendsten Fall könnte eine Auswahl angemessener mobiler Interaktionsgeräte präsentiert werden. Während der Konfiguration und Analyse der Arbeitssituation gemäß der Vorgehensweise in Kapitel 4.5.2 wird sukzessiv die Inferenzierung und Bildung des finalen Modells mit Hilfe einer „Reasoning Engine" durchgeführt. Das Ergebnis dieses Prozesses sind qualitative textbasierte Gestaltungsempfehlungen bezüglich der Auslegung von Plattformkomponenten für das mobile Interaktionsgerät. Je nach Gestaltungsempfehlung beinhaltet diese Informationen die Art der empfohlenen

Interaktionsressourcen wie Eingabe-, Ausgabe- und Kommunikationsgeräte, das einzusetzende Energie- und Leistungskonzept sowie der impliziten Interaktions-anforderungen. Jede textbasierte Empfehlung ist unmittelbar mit mindestens einer Plattformkomponente verknüpft und liefert über ihre Instanzen Auskunft über die Funktionen und möglichen Varianten der Plattformkomponenten. In Abbildung 34 ist ein Ausschnitt eines Lösungsraums einer Gestaltungsempfehlung am Beispiel einer visuellen Eingabekomponente dargestellt.

Im Sinne dieses Empfehlungsprinzips ist es wichtig, dass von einer Entwurfsori-entierung gesprochen wird, da das Ergebnis nicht als eine verbindliche Kombi-nation von Plattformkomponenten und Interaktionskonzepten angesehen werden sollte, sondern als möglicher Lösungsraum, basierend auf der Analyse des im

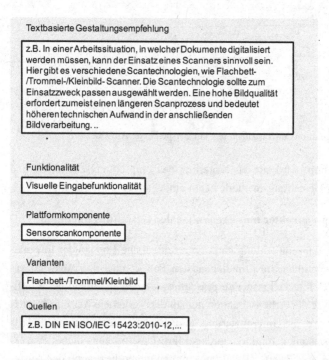

Abbildung 34: Ausschnitt eines Lösungsraums einer Gestaltungsempfehlung am Bsp. einer visuellen Eingabekomponente.

Vorfeld definierten Kontextes. Eine tiefergehende Konkretisierung technischer Funktionalitäten und Eigenschaften des Gesamtsystems liegt im Ermessen des Produktgestalters und kann zu einer späteren Phase des Gestaltungsprozesses (z.B. in der Konstruktionsphase) realisiert werden.

Ein Teil des dargestellten Lösungsraumes stellt die Quelle der Gestaltungsempfehlung dar. Unter der Hinzuziehung von Quellen kann sichergestellt werden, dass die Gestaltungsempfehlungen mobiler Interaktionsgeräte hinreichend valide sind und somit im Einklang mit dem zugrunde liegenden Kontext einer intelligenten Produktionsumgebung. Dadurch wird die Verbindlichkeit der Empfehlungen signifikant erhöht.

In den vorangegangen Kapiteln wurden die Herangehensweisen erläutert um ein Vorgehensmodell zur Modellierung mobiler Interaktionsgeräte auszuarbeiten. Im nächsten Abschnitt, was gleichzeitig den Abschluss dieses Hauptkapitels darstellt, werden die vorgeschlagenen Maßnahmen in einem Vorgehensmodell zusammengefasst. Auf Grundlage dieses Vorgehensmodells erfolgt im nächsten Hauptkapitel die prototypische Implementierung der Gestaltungsmethode.

4.6 Vorgehensmodell für die Gestaltungsmethode

Gemäß den in den vorgenannten Kapiteln erarbeiteten Handlungsanweisungen für den Modellierungsprozess wird in Abbildung 35 ein Vorgehensmodell vorgeschlagen. Das Vorgehensmodell wird mit der Erstellung der sechs Teilmodelle und dem Aufbau des Initialmodells eingeleitet. Der Aufbau des Initialmodells gründet sich auf den in Kapitel 4.5.2 erläuterten Grundlagen und Vorgehensweisen. Voraussetzung ist die Definition von Dateneigenschaften (Namen, reelle Werte, Kategorien) für alle sechs Ontologieklassen und Instanzen. Im Anschluss erfolgt in Anlehnung an dem Aufgabenkatalog Instandhaltung nach DIN 31051 die Profilbildung des Aufgabenmodells. Die Profilbildung ist ein notwendiger Schritt damit bei der Konfiguration der Arbeitssituation eine Aufgaben- und Tätigkeitsselektion realisiert werden kann. Hierzu werden die Instanzen (Tätigkeiten) anhand ihrer Dateneigenschaften in verschiedene Klassen (Aufgaben) unterteilt. Im selben Zuge werden die Datenverknüpfungen zwischen den Instanzen der Ontologieklassen definiert als Grundlage für die Generierung der Regeln. Dieser Schritt erfolgt nach der Vorgehensweise und dem Beispiel in Kapitel

4.5.5. Mit diesem Schritt ist die Bedingung für die Konfiguration einer Arbeitssituation gesetzt.

Zur Konfiguration der Arbeitssituation wird die Arbeitsaufgabe des Nutzers mit Hilfe des Aufgabenmodells spezifiziert, d.h. es werden die Aufgaben und Tätigkeiten laut der Arbeitssituation des Nutzers ausgewählt. Grundlage für die Modellierung der Arbeitssituation ist die Datenbasis des Initialmodells. Um den Konfigurationsprozess zu ermöglichen und zu visualisieren wird als ein grundlegender Bestandteil der Methode zur Konfiguration, Analyse und Empfehlung ein prototypisches Modellierungswerkzeug eingesetzt. ·

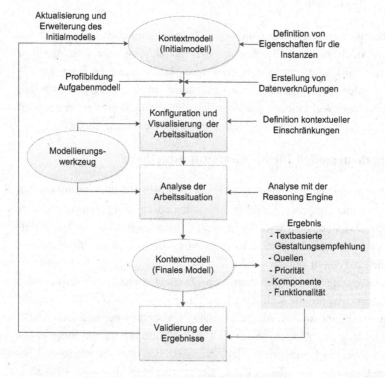

Abbildung 35: Vorgehensmodell für die Gestaltungsmethode

Auf das Modellierungswerkzeug wird in dem Kapitel der prototypischen Implementierung genau eingegangen. Die Konfiguration und Visualisierung der

Arbeitssituation erfolgt mit dem Modellierungswerkzeug nach den Vorgaben aus Kapitel 4.5.6. Nachdem die Tätigkeiten der Arbeitssituation ausgewählt sind, wird eine Anzahl von textbasierten Gestaltungsempfehlungen vorgeschlagen. Sukzessiv werden weitere kontextuelle Einschränkungen wie Umgebungsaspekte, Nutzerinteraktionen, Nutzereinschränkungen, Nutzerpräferenzen und Objektaspekte mit dem Modellierungswerkzeug festgelegt. Im Anschluss erfolgt die Analyse der Arbeitssituation mit Hilfe der im Modellierungswerkzeug integrierten „Reasoning Engine". Dies erfolgt nach dem Prinzip der Inferenzierung wie in Kapitel 4.5.3 dargestellt wurde. Auf diese Weise wird auf Basis von vorhandenem Wissen im Initialmodell neues Wissen erzeugt, das in das finale Modell einfließt. Das heißt der Umfang an Kontextinformationen wird auf die für den spezifischen Kontext relevanten Informationen reduziert. Als Ergebnis erhält man eine Liste von textbasierten Gestaltungsempfehlungen relativ zu Plattformkomponenten, Funktionalitäten, Varianten und Quellen bezogen auf einen bestimmten Produktionskontext einer intelligenten Produktionsumgebung. Der letzte Schritt stellt die Validierung der Ergebnisse dar. In der Validierung werden potenzielle Widersprüche und Inkompatibilitäten identifiziert und das von dem Modellierungswerkzeug verwendete Initialmodell inhaltlich angepasst oder neue Datenverknüpfungen vorgenommen. Denkbar ist eine Anpassung oder Erweiterung der Teilmodelle des Initialmodells um dem Modell neues Expertenwissen hinzuzufügen. Die Anpassung des Initialmodells kann manuell mit Hilfe eines Ontologieeditors erfolgen.

Im Rahmen der Implementierung und der Evaluation der Gestaltungsmethode (Kapitel 5 und Kapitel 6) werden vorhandene Schwächen der Methode identifiziert. Nach der Evaluation ist es im Rahmen einer Überarbeitung der Gestaltungsmethode vorgesehen, dass auf diese Schwachstellen eingegangen wird.

4.7 Zusammenfassung

In Kapitel 4 wurden die Ergebnisse aus Kapitel 3 herangezogen, funktionale und nicht funktionale Anforderungen an eine Methode zur Gestaltung mobiler Interaktionsgeräte definiert und qualitativ beschrieben. Im Anschluss daran wurde auf den konzeptionellen Rahmen, den Modell- und Modellierungscharakter der Gestaltungmethode eingegangen und ein Kontextmodell bestehend aus sechs

Teilmodellen vorgeschlagen. Als Grundlage der Methode wurde der Aufbau des Kontextmodells beispielhaft erläutert. Umfang und Struktur der enthaltenen Teilmodelle, Kommunikationsbeziehungen und der Modellierungsprinzipien wurden ausführlich beschrieben. Im Mittelpunkt dieses Kapitels stand die Beschreibung des Modellierungsansatzes auf Grundlage identifizierter Teilmodelle und ihrer Dateneigenschaften. Dabei wurden die sechs Teilmodelle quantitativ und exemplarisch beschrieben. Anschließend wurde auf weitere Hauptmerkmale der Gestaltungsmethode in Anlehnung an die identifizierten funktionalen Anforderungen eingegangen. Als Abschluss des Kapitels wurden die erforderlichen Vorgehensschritte der Gestaltungsmethode innerhalb eines Vorgehensmodells zusammengefasst und erläutert.

5 Prototypische Implementierung der Gestaltungsmethode

Dieses Kapitel behandelt die Implementierung der in Kapitel 4 beschriebenen Gestaltungsmethode. In Anlehnung an das Vorgehensmodell in Abbildung 35, werden die Modelldaten (Klassen, Unterklassen, Instanzen, Dateneigenschaften) zum Aufbau des Initialmodells bzw. der sechs Teilmodelle erläutert. Anhand der vorhandenen Modelldaten wird im Anschluss das Regelwerk definiert und in die Modellstruktur integriert. Die prototypische Implementierung der Modellkomponenten und des Regelwerks wird mit Hilfe eines zu entwickelnden prototypischen Modellierungswerkzeuges erreicht. Wie aus dem Vorgehensmodell ersichtlich ist das Modellierungswerkzeug mit einer geeigneten Reasoning Engine für die Konfiguration von Arbeitssituationen und letztlich für den Erhalt des finalen Modells notwendig. Auf den Aufbau und die technische Architektur der Modellierungskomponenten sowie die grafische Benutzungsoberfläche des Modellierungswerkzeuges wird in diesem Kapitel ebenfalls eingegangen. Auf Basis der implementierten Modellierungskomponenten wird die Validierung der Gestaltungsmethode vorgenommen. Dabei soll die technische Validität der Gestaltungsmethode verifiziert und für die Evaluation in Kapitel 6 vorbereitet werden.

Im Folgenden wird das Implementierungsschema der Gestaltungsmethode erläutert. Diese beinhaltet eine Erläuterung der Gesamtarchitektur, die Beschreibung der Datenbasis der Teilmodelle, den Aufbau des prototypischen Modellierungswerkzeuges und die technische Validierung der Gestaltungsmethode.

5.1 Gesamtarchitektur und Datenbasis der Teilmodelle

Die Implementierung der Gestaltungsmethode in Abbildung 36 folgt der Systemarchitektur des Modellierungswerkzeuges. Die Benutzungsschnittstelle zum Nutzer repräsentiert das prototypische Modellierungswerkzeug im „Front End". Wie im Vorgehensmodell in Kapitel 4.6 erläutert, ermöglicht das Modellierungswerkzeug eine Konfiguration, Visualisierung und Analyse von Arbeitssituation und darüber hinaus die Ausgabe von Gestaltungsempfehlungen. Die Konfiguration der Arbeitssituation erfolgt mit Hilfe des Initialmodells bzw. mit den

Ontolgiedaten der Teilmodelle im „Backend". Um die Ontolgiedaten zu verarbeiten wurde das Apache Jena Framework eingesetzt. Jena stellt eine Sammlung von Werkzeugen und Java Bibliotheken zur Verfügung um semantische Anwendungen zu entwickeln. Hier kommt die in Jena enthaltene Reasoning Engine zum Einsatz. Es handelt sich dabei um ein regelbasiertes Inferenzsystem (rule-based inference engine). Dadurch wird die Konsistenz der Ontologiedaten überprüft und das Regelwerk ausgewertet. Durch den Inferenzierungsprozess mit Hilfe der Reasoning Engine wird das finale Modell erzeugt. Die erzeugten Ontologiedaten der Teilmodelle werden über die Jena Schnittstelle zum Modellierungswerkezug ein- und ausgelesen.

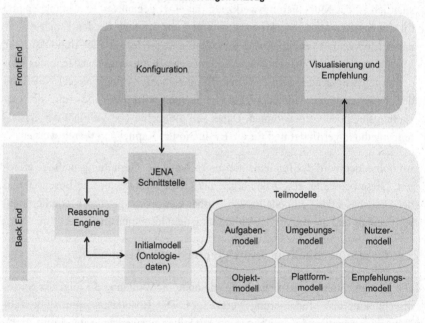

Abbildung 36: Systemarchitektur des Modellierungswerkzeuges zur Implementierung der Gestaltungsmethode

Eine Übersicht des Initialmodells bzw. der Ontologiedaten der sechs Teilmodel-
zeigt Abbildung 37.

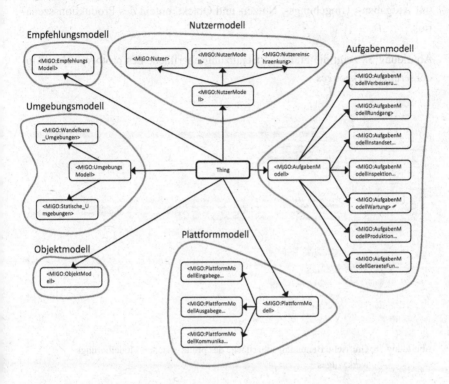

Abbildung 37: Visualisierung des Initialmodells als Ontologie

Die vollständige Übersicht der Datenbasis der Teilmodelle erschließt sich aus
der Anwendung des prototypischen Modellierungswerkzeuges.

5.2 Aufbau des Modellierungswerkzeuges

Das Modellierungswerkzeug wurde als Konfigurationswerkzeug realisiert.
So können Kontextelemente der Teilmodelle durch Auswahl konfiguriert werden. Im Vordergrund steht die sequenzielle Konfigurierung eines Produktionsszenarios (Arbeitssituation) mit dem Ziel Plattformkomponenten und Gestaltungsempfehlungen für mobile Interaktionsgeräte zu erhalten. Diese sollen im

Einklang mit dem vorgegebenen Kontext sein. Die notwendigen Schritte, die zu einer Gestaltungsempfehlung führen, bestehen aus vier Modellierungsschritten mit Aufgaben-, Umgebungs-, Nutzer- und Objektkontext des Produktionsszenarios.

Abbildung 38 zeigt die grafische Benutzungsoberfläche des prototypischen Modellierungswerkzeuges.

Abbildung 38: Grafische Benutzungsoberfläche des prototypischen Modellierungs-
              werkzeuges

Die Implementierung erfolgte in der Programmiersprache JAVA mit Hilfe des JAVA Entwicklungswerkzeuges (Java Development Kit – JDK) und der JAVA Laufzeitumgebung (Java Runtime Environment - JRE). Das Layout der Benutzungsoberfläche und die Anordnung der Benutzungselemente orientieren sich an einer klassischen übersichtlichen Programmstruktur.

Obwohl die Ergonomie und Gebrauchstauglichkeit des Modellierungswerkzeuges bei der Implementierung nicht im Vordergrund standen, wurde eine Orientierung an den acht Prinzipien der Benutzungsschnittstellengestaltung von Shneiderman angestrebt [Shneiderman & Ben 1998], [Shneiderman & Plaisant 2005]. Diese in der Mensch-Technik-Interaktion bewährten Gestaltungsprinzipien werden aufgrund ihres universellen Charakters bis in die heutige Zeit als Standardreferenz herangezogen und sind in der nachfolgenden Tabelle zusammengefasst.

Tabelle 7: Die acht Prinzipien der Benutzungsschnittstellengestaltung von Shneiderman

1	Konsistenz anstreben	Verwandte Funktionen (z.B. Löschen, Weiter oder Zurück) sollten Systemübergreifend immer vorhanden sein, gleich heißen und gleich funktionieren.
2	Abkürzungen (Shortcuts) für erfahrene Benutzer bereitstellen	Erfahrene Nutzer sollten den Interaktionsprozess mit Shortcuts verkürzen können um schnelleres Arbeiten zu ermöglichen.
3	Informatives Feedback anbieten	Zu jeder Systemeingabe des Nutzers sollte auch eine Systemrückmeldung erfolgen und den derzeitigen Status verständlich erläutern.
4	Design von Dialogen zur Verdeutlichung der Abgeschlossenheit	Aktionssequenzen sollten in Gruppen organisiert sein die einen Anfang, einen Mittelteil und ein Ende aufweisen.
5	Einfache Fehlerbehandlung anbieten	Das System sollte so gestaltet sein, dass der Nutzer keine Fehler machen kann. Falls doch ein Eingabefehler gemacht wird, sollte es eine einfache Fehlerbehandlung geben.
6	Möglichkeit zur Stornierung anbieten	Diese Möglichkeit nimmt dem Nutzer die Angst etwas falsch machen zu können und bestärkt ihn gleichzeitig in der Erforschung neuer Menüpunkte.
7	Benutzerkontrolle	Erfahrene Nutzer brauchen das Gefühl, dass sie die das System kontrollieren und, dass das System auf ihre Eingaben antwortet.
8	Kurzzeitgedächtnis entlasten	Die Begrenzung der menschlichen Informationsverarbeitung innerhalb des Kurzzeitgedächtnisses erfordert eine erheblich reduzierte und einfache Anzeige von Bedienelementen.

Wie aus Abbildung 39 hervorgeht, können in der Benutzungsoberfläche entweder über dem Menüpunkt „Datei", „Bearbeiten" oder „Selektion" verschiedene
Funktionen ausgeführt werden, die während des Konfigurationsprozesses relevant sind. Die Funktionen unter den Menüpunkten „Bearbeiten" und „Selektion"
sind auch direkt über den Funktionsreiter zugänglich. Es wird beispielsweise
ermöglicht, dass der Nutzer die Konfiguration eines bestimmten Teilmodells
löscht („Lösche selektierte Elemente"), oder alle vorgenommenen Konfiguratio-
nen der Teilmodelle insgesamt löscht, wenn der Nutzer den Konfigurationsprozess von Neuem anfangen möchte („Leere komplette Selektion"). Beim Aufru-
fen des Modellierungswerkzeuges ist bereits sichergestellt, dass die zuletzt
abgelegten Ontologiedaten vorhanden sind. Soll ein anderes Kontextmodell als
Ontologiebasis verwendet werden, dann hat der Nutzer unter dem Menüpunkt
„Datei" die Option, ein neues Modell als CVS-Datei zu importieren („Starte mit
anderer Ontologiedatei"). Ergänzend ist nach Abschluss des Modellierungsprozesses ein Export des finalen Modells möglich („Export Finales Modell").
Die Visualisierung der Aufgabe bzw. Arbeitssituation, als eine der funktionalen
Anforderungen der Gestaltungsmethode (vgl. Kapitel 4.1 und 4.5.6), wird durch
die Funktion „Visualisieren" realisiert. Der Modellierer kann sich damit einen
Gesamtüberblick über die konfigurierte Arbeitssituation verschaffen, um zu analysieren, ob seine Kontextvorgaben umgesetzt sind. Auf diese Weise lässt sich
eine einfache Kommunikation der Arbeitssituation mittels der Exportfunktion
bewerkstelligen.

Die einfache Anpassung bzw. Erweiterung der Modelldaten und des Regelwerks
wird durch die Funktion „Modelldaten Anpassen" ermöglicht. Über einen
Texteditor hat der Modellierer z.B. die Möglichkeit, zusätzliche Regeln einzugeben, die in der geladenen Ontologie abgelegt werden. Die Anforderung der
„Erweiterbarkeit" wird mit Hilfe dieser Funktionalität erfüllt.

Der Konfigurationsprozess der Arbeitssituation erfolgt in sequenzieller Reihenfolge: (1) Aufgaben, (2) Umgebungen, (3) Nutzer und (4) Objekte. Über die
Funktion „Ändere Aufgaben", welche bei dem Kontextelement „Aufgaben" zu
finden ist, wird ein weiteres Fenster aufgerufen. Hier werden dem Nutzer die

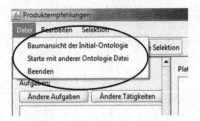

Abbildung 39: Die grundlegenden Menüfunktionen des Modellierungswerkzeuges

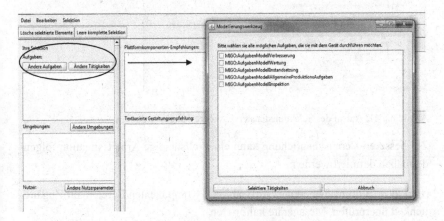

Abbildung 40: Aufruf des Selektionsfensters „Ändere Aufgaben"

Einzelmaßnahmen präsentiert (vgl. Abbildung 40). In Anlehnung an die zugrunde liegende Arbeitssituation, ist der Nutzer aufgefordert, relevante Einzelmaßnahmen auszuwählen. Dabei gehören die Einzelmaßnahmen zu einem Aufgabenkatalog (vgl. Kapitel 9).

Nach der Auswahl der Einzelmaßnahmen müssen über die Funktion „Selektiere Tätigkeiten" die Tätigkeiten ausgewählt werden. Es öffnet sich ein entsprechendes Selektionsfenster mit einer Liste von Tätigkeiten (Abbildung 41). Hier werden Tätigkeiten ausgewählter Einzelmaßnahmen angezeigt. Der Nutzer kann eine oder mehrere Tätigkeiten auswählen und durch „Speichern" bestätigen. Der Befehl „Abbruch" führt wieder zurück zum vorherigen Schritt bzw. zur Ausgangssituation.

Abbildung 41: Aufruf des Selektionsfensters „Ändere Tätigkeiten"

Zur besseren Veranschaulichung kann eine vollständige Arbeitssituation folgendermaßen definiert werden:

Aufgaben: Störungsbehebung, Auswahl von Komponenten/Bereich auf Zugänglichkeit überprüfen, Messgeräte kalibrieren

Umgebungen: U-04: Produktionsbereich Konstruktion

Nutzer: Nutzerinteraktion: visuelle Datenaufnahme, Nutzereinschränkung: Einschränkung durch Arbeitsschutzhandschuhe

Objekte: O-06: Werkzeug

Die Auswahl der Tätigkeiten im Selektionsfenster in Abbildung 41 ist so zu interpretieren, dass eine Störungsmeldung an einer Maschine durch defekte Messgeber hervorgerufen wird. Die Messgeber sollen aus diesem Grunde rekalibriert werden. Davor wird der Maschinenbereich auf Zugänglichkeit überprüft. Die Auswahl und das Abspeichern der Tätigkeiten erfolgt durch die Auswahl von Komponenten/Bereich auf Zugänglichkeit überprüfen + Störungsmeldung + Messgeräte Kalibrieren. Nach dem Abspeichern ergeben sich Plattformkomponenten- und Gestaltungsempfehlungen (E-01 bis E-n). In Abbildung 42 wird ersichtlich, dass zu jeder Komponentenempfehlung mindestens eine textliche Gestaltungsempfehlung zugeordnet ist. Diese bestehen aus den Dateneigenschaften „Text", „Typ", „Zusammenfassung", „Bezeichnung", „Priorität" und „Quelle".

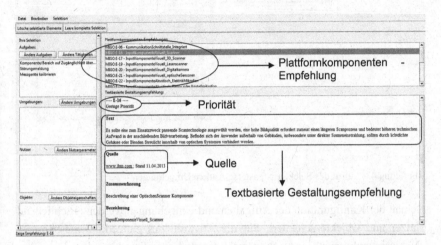

Abbildung 42: Anzeigen der Plattformkomponenten- und Gestaltungsempfehlungen nach der Selektion von Tätigkeiten

Im Nachgang konfiguriert der Nutzer die Umgebungseigenschaften. In Analogie zu der Selektion der Aufgaben und Tätigkeiten, selektiert der Nutzer Umgebungseigenschaften (U-01 bis U-n) der Arbeitssituation (Abbildung 43). Diese sind in einer statischen und dynamischen Umgebung gruppiert. Auch bei der Konfiguration der Umgebung können multiple Umgebungssituationen selektiert und abgespeichert werden.

Zur Veranschaulichung einer Produktionsumgebung mit veränderlichen Umgebungsparametern wurde in dem Selektionsfenster „veränderliche Umgebungsparameter" und „Produktionsbereich Konstruktion" selektiert. Als Folge ändern sich die Gestaltungsempfehlungen (Abbildung 44). Die Lösungsmenge der Empfehlungen wird um die Empfehlungen der Umgebungssituation ergänzt. Während der Inferenzierung findet in diesem Schritt eine Disjunktion der Kontextparameter statt.

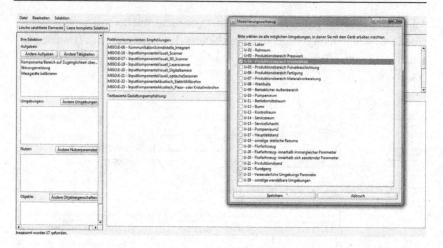

Abbildung 43: Aufruf des Selektionsfensters „Ändere Umgebungen"

Gemäß der Konfiguration der Aufgaben und Umgebungen werden anschließend Nutzer und Objekte selektiert. Für die Auswahl des Nutzerkontextes können „Nutzerinteraktionen" und „Nutzerpräferenzen" spezifiziert werden. Diese beschreiben u.a. die Interaktionen des Nutzers mit dem mobilen Interaktionsgerät. Darüber hinaus werden die „Nutzereinschränkungen" gesetzt, um die physischen Einschränkungen zu beschreiben, die ein Nutzer während der Ausführung seiner Tätigkeit erfährt. Exemplarisch wurde eine Nutzerinteraktion „Visuelle Datenaufnahme" ausgewählt und als Nutzereinschränkung „Einschränkung durch Arbeitsschutzhandschuhe" selektiert und abgespeichert. Die Gestaltungsempfehlungen werden daraufhin weiter ergänzt. Als letzten Schritt in der sequenziellen Konfiguration werden die Objekte der Produktionsumgebung ausgewählt. Als Beispiel wurde „Werkzeug" ausgewählt und abgespeichert. Die Gestaltungsempfehlungen sind mit diesem Schritt abgeschlossen (Abbildung 45).

Die Visualisierung der gesamten Arbeitssituation erlaubt eine abschließende Betrachtung und Analyse. Bei Bedarf kann eine Ergänzung und Verfeinerung der Arbeitssituation bei den einzelnen Teilmodellen vorgenommen werden.

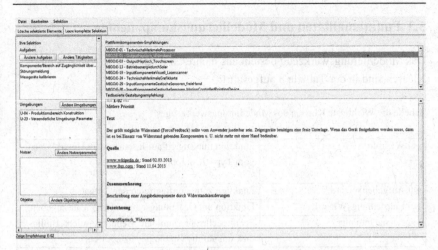

Abbildung 44: Anzeigen der Plattformkomponenten- und Gestaltungsempfehlungen nach der Selektion von Umgebungseigenschaften

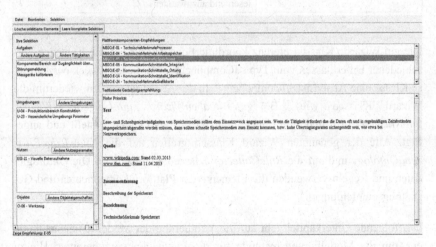

Abbildung 45: Finalisierung der Arbeitssituation

Zu ersetzende oder zu löschende Elemente können selektiert werden und anhand der Funktion „Lösche selektierte Elemente" gelöscht werden.

Im nächsten Abschnitt wird auf einige Klassen des Modellierungswerkzeuges eingegangen.

5.3 Funktionalitäten und Modellierungskomponenten

Das Modellierungswerkzeug besteht aus mehreren Klassen. Die wichtigsten Klassen sind in der Tabelle 8 aufgeführt:

Tabelle 8: Wichtigste Klassen des Modellierungswerkzeuges

gui.Wizardo	Funktion mit Zugriff auf Instanzen der Unterklassen vom Typ <JComponent>.
gui.AufgabenWizard	Funktion zum Konfigurieren der Aufgaben.
gui.EmpfehlungsWizard	Funktion um Gestaltungsempfehlungen auszugeben.
logic.JenaOntology	Schnittstelle zur Ontologie. Benutzt die Jena Bibliothek um auf die Ontologie zuzugreifen.
logic.RuleCollector	Dient als Hilfsklasse für die Jena Ontologie, um die Regeln aus den Instanzen der Ontologieklasse auszulesen und anzuwenden.

Die gui.Wizardo Klassenreferenz koordiniert den Zugriff auf die Instanzen verschiedener Unterklassen vom Typ <JComponent>. Für diesen Zweck besitzt diese Klasse eine ArrayList <JComponent>. In der ArrayList werden wiederum die Wizard Klassen wie z.B. *gui.AufgabenWizard, gui.UmgebungsWizard, gui.NutzerWizard,* und *gui.EmpfehlungsWizard* als Objekte erstellt und angefügt. Alle der genannten Wizard Klassen greifen auf die *KnowledgeBase, JenaOntology* und auf die *RuleCollector* Klassenreferenzen zu. Die Ontologiedaten und Regeln verwenden die Elemente der Plattformkomponenten und Gestaltungsempfehlungen.

Das folgende Unterkapitel geht auf die Validierung der Modellierungsmethode ein, um die Modellierungsmethode für die Evaluation vorzubereiten. Hierzu wird exemplarisch ein Arbeitskontext mit dem Modellierungswerkzeug konfiguriert und das Ergebnis anhand des Initialmodells verifiziert.

5.4 Validierung der Modellierungsmethode

Unter der Validierung der Modellierungsmethode wird die Überprüfung einer Methode auf Brauchbarkeit verstanden [Kromidas 2009]. Scheer definiert die Validierung als den *Nachweis und die Dokumentation der Zuverlässigkeit einer Methode* [Scheer 1985]. Im Hinblick auf den Produktionskontext definiert die FDA (Food and Drug Administration): *Validierung als dokumentierten Nachweis, dass ein bestimmter Prozess mit einem hohen Grad an Sicherheit kontinuierlich ein Produkt erzeugt, das vorher definierte Spezifikationen und Qualitätsmerkmale erfüllt* [Kromidas 2011]. Als allgemein verbindlich kann die Definition aus der ISO 8402, 1994, §2.18 angesehen werden: *Die Validierung ist die Bestätigung aufgrund einer Untersuchung und durch die Bereitstellung eines objektiven Nachweises, dass die besonderen Forderungen für einen speziellen beabsichtigten Gebrauch erfüllt worden sind.* Die Validierung stellt dabei nachweisbare Information, basierend auf Tatsachen, die man durch Beobachtung, Messung, einem Test oder auf eine andere Art und Weise erhält, bereit [Kromidas 2011].

Gemäß diesen Definitionen stellt die Validierung der Modellierungsmethode den Nachweis dar, dass der Modellierungs- bzw. Konfigurationsprozess mit einem hohen Grad an Sicherheit, kontinuierlich Gestaltungsempfehlungen erzeugt, die im Einklang mit einer vorher definierten Spezifikation sind. Praktisch betrachtet, ist die Validierung der Modellierungsmethode die Bestätigung, dass die Modellierungsmethode die Anforderungen für den beabsichtigten Gebrauch (d.h. die Erzeugung von Gestaltungsempfehlungen für mobile Interaktionsgeräte) erfüllt.

Bei einer Betrachtung des Beispiels aus Kapitel 5.2 konnte beobachtet werden, dass sich die Gestaltungsempfehlungen bei Selektion der Kontextelemente nach jedem Konfigurationsschritt ergänzen. Eine Validierung bezieht sich darauf, ob die vom Modellierungswerkzeug ermittelten Gestaltungsempfehlungen mit den zugeordneten Empfehlungen aus der Modelldatentabelle in Tabelle 9 im Einklang sind.

In der Modelldatentabelle werden die Hauptelemente der im Beispiel konfigurierten Arbeitssituation, sowie deren Kontextelemente dargestellt. Grundlage für die Ermittlung der Gestaltungsempfehlungen stellen die Ontologiedaten des Initialmodells dar. Hier wurde so vorgegangen, dass für jede Arbeitssituation (Aufgaben, Umgebung, Nutzer, Objekte) im Konfigurationsprozess die Datenverknüpfung zu den Gestaltungsempfehlungen manuell ausgelesen wurde. Gemäß dieser Vorgehensweise führt die Konfiguration der in Kapitel 5.2 spezifizierten Arbeitssituation zu den Empfehlungen, die in der rechten Spalte „Empfehlungen" aufgeführt sind.

Das finale Ergebnis erhält man im Modellierungswerkezug nach dem Abschluss des Konfigurationsprozesses. Manuell lässt sich das finale Ergebnis ermitteln indem eine Disjunktion der Empfehlungen sukzessiv angewendet wird. Als Ergebnis der Disjunktion sind folgende Empfehlungen zu erwarten:

E01, E-04, E-05, E-06, E-07, E-14, E-16, E-17, E-18, E-19, E-20, E-21, E-24, E-31, E-58, E-72

Dies entspricht dem Ergebnis des Modellierungswerkzeuges nach dem Konfigurationsprozess. Das ist ein Indiz dafür, dass das Ergebnis der Gestaltungsmethode (das finale Modell) im Einklang mit den zugeordneten Gestaltungsempfehlungen aus der Modelldatentabelle ist. Um eine verbindliche Aussage über die Validität der Gestaltungsempfehlungen zu machen, müssten mehrere unterschiedliche Arbeitssituationen konfiguriert und mit den Empfehlungen der Modelldaten verglichen werden. Die Feststellung von Inkonsistenzen wäre dann ein Hinweis dafür, dass im Regelwerk bzw. in den Datenverknüpfungen ein Fehler vorhanden ist und somit zu unangemessenen Empfehlungen führt. Ein Fehler in den Datenverknüpfungen führt allerdings nicht zu der Schlussfolgerung, dass die Gestaltungsmethode als Ganzes nicht hinreichend valide ist. Dieser Fall wäre gegeben wenn sich beliebige Arbeitssituationen auf Basis der Ontologiedaten im Kontextmodell z.B. aus technischen Gründen mit dem Modellierungswerkzeug nicht darstellen lassen. Aus diesem Grunde genügt an diese Stelle der Hinweis, dass das Ergebnis der Gestaltungsmethode für eine exemplarische Arbeitssituation im Einklang ist. Für die Vorbereitung der Evaluation im nächsten Kapitel

Tabelle 9: Modelldatentabelle der Arbeitssituation, Kontextelemente und der Empfehlungen

Arbeitssituation	Kontextelemente	Empfehlungen
Aufgaben	Störungsbehebung; Messgeräte Kalibrieren	E-06, E-08, E-09, E-10, E-11, E-12, E-13, E-55, E-64, E-65, E-66, E-67, E-71
Aufgaben	Messgeräte Kalibrieren	E-06, E-16, E-17, E-09, E-20, E-21, E-22, E-23, E-25, E-26, E-27, E-59, E-68, E-69, E-70, E-71, E-72
Umgebungen	U-04: Produktionsbereich: Konstruktion	E-01, E-02, E-08, E-09, E-10, E-11. E-12, E-13, E-15, E24, E-29, E-13, E-31, E-37, E-38, E-39, E-14, E-41, E-42, E-43, E-44, E-45, E-46, E-47, E-48, E-49, E-50, E-51, E-52, E-53, E-54, E-55, E-56, E-57, E-58, E-59, E-62, E-63, E-64, E-65, E-66, E-67, E-68, E-69, E-70, E-72, E-76
Nutzer	Nutzerinteraktion: visuelle Datenaufnahme Nutzereinschränkung: Einschränkung durch Arbeitsschutzhandschuhe	E-02, E03, E-15, E-16, E-17, E-18, E-19, E-28, E-29, E-30, E-32, E-33, E-35, E-36, E-37, E-38, E-40, E-41, E-42, E-44, E-45, E-48, E-50, E-51, E-52, E-53, E-57, E-68, E-69, E-70, E-78
Objekte	O-06: Werkzeug	E01, E-04, E-05, E-06, E-07, E-14, E-16, E-17, E-18, E-19, E-20, E-21, E-24, E-31, E-58, E-72

ist diese Feststellung hinreichend und soll auf Grundlage eines ausgewählten Fallbeispiels unter der Partizipation industrieller Nutzer und Experten der Mensch-Technik-Interaktion nach bestimmten Kriterien bewertet werden. Dabei sollen noch vorhandene Schwachstellen der Gestaltungsmethode identifiziert werden. Auf dieser Grundlage soll die Methode verbessert werden.

5.5 Zusammenfassung

In diesem Kapitel wurde die prototypische Implementierung der Gestaltungsmethode behandelt. Als Grundlage für die Erlangung eines technischen Verständnisses wurde einleitend auf die technische Systemarchitektur näher eingegangen. Daraus ließ sich erkennen, wie die Teilmodelle und das Modellierungswerkzeug implementiert werden können, und nach welchen Anforderungen der Aufbau der Systemarchitektur erfolgt. Im Anschluss wurde die Datenbasis der Teilmodelle anhand einer Übersicht des Initialmodells veranschaulicht. Fokus dieses Kapitels stellte eine Beschreibung des Aufbaus und der Anwendung des prototypischen Modellierungswerkzeuges dar. Die wichtigsten Funktionalitäten und Modellierungskomponenten wurden auf der Abstraktionsebene der Klassen beschrieben. Den Abschluss des Kapitels bildete die Validierung der Modellierungsmethode gemäß der im Vorfeld konfigurierten Arbeitssituation. In der Validierung konnte festgestellt werden, dass das Ergebnis der Gestaltungsempfehlungen des Modellierungswerkzeuges mit dieser betrachteten Arbeitssituation im Einklang ist. Dieses wurde als hinreichend bewertet, um die Gestaltungsmethode für die Evaluation im nächsten Kapitel vorzubereiten.

6 Evaluation der Gestaltungsmethode

In diesem Kapitel wird die Evaluation der Gestaltungsmethode mit Bezug auf die Anwendung des Modellierungswerkzeuges durchgeführt. Ziel ist es, eine Aussage über die Qualität der Gestaltungsmethode zu treffen und eventuell vorhandene Schwachstellen zu identifizieren. Die Erkenntnisse, die aus einer Evaluation gewonnen werden, sollen für eine Verbesserung der Gestaltungsmethode herangezogen werden. Dieser Anspruch kann mit Hilfe einer Evaluation erfüllt werden.

Kromrey definiert die Evaluation als eine *methodisch kontrollierte, verwertungs- und bewertungsorientierte Form des Sammelns und Auswertens von Informationen.* [Kromrey 2001, S.112].

Tergan definiert die Evaluation als: *"Evaluation ist die systematische und zielgerichtete Sammlung, Analyse und Bewertung von Daten zur Qualitätssicherung und Qualitätskontrolle* [vgl. Tergan 2000, S.23].

Zu den Evaluationsmethoden gehört das gesamte Spektrum an Methoden empirischer Sozialforschung sowie spezielle statistische Verfahren zur Erhebung bzw. Auswertung von Daten. Die Methoden müssen an die Evaluationszwecke und Evaluationsgegenstände angepasst sein. Einige wichtige Evaluationsmethoden mit Beleuchtung ihrer Stärken und Schwächen sind in Tabelle 10 aufgeführt:

Mit den in der Tabelle erwähnten Evaluationsmethoden lassen sich verschiedene Aspekte ein und desselben Gegenstandes untersuchen. Durch die Kombination mehrerer Methoden erhofft man sich nach Abwägung der Stärken und Schwächen genauere und vielfältigere Informationen über den Evaluationsgegenstand.

In dieser Arbeit ist der Evaluationsgegenstand die Gestaltungsmethode. Wie in Kapitel 5 demonstriert wird die Gestaltungsmethode mit Hilfe des entwickelten Modellierungswerkzeuges angewendet. Demnach wird die Evaluation der Gestaltungsmethode unter Hinzuziehung des Modellierungswerkzeuges durchgeführt. Es sollte jedoch berücksichtigt werden, dass die Bewertung der Qualität

Tabelle 10: Übersicht der Stärken und Schwächen bekannter Evaluationsmethoden

Evaluationsmethode	Stärken	Schwächen
Fragebogen und Online-Fragebogen	Methodischer Aufwand ist übersichtlich; Antworten sind durchdachter, da kein Zeitdruck der Beteiligten vorhanden; Ehrlichere Antworten durch die Zusicherung der Anonymität des Befragten; Generierung hoher Teilnehmerzahlen	Mögliche externe Einflüsse können nicht kontrolliert werden; Bei anonymen Fragebögen ist nicht nachvollziehbar, von wem, wann und wo der Fragebogen ausgefüllt wurde; Gefahr der mangelnden Repräsentativität; Ausfallquoten können hoch sein; Ziehen von Stichproben problematisch
Kriterienkatalog	Schnelle und ökonomische Überprüfung der Produktqualität; geringer Aufwand; arbeitsteilige Organisation; hohe Transparenz	Mangelnde Vollständigkeit und Detailliertheit; fehlende oder strittige Bewertungs- und Gewichtungsverfahren [Baumgartner, 1997]
Interview	Durch die natürliche Gesprächssituation können offene Fragen sofort durch Nachfragen geklärt werden	Fehlerquellen durch unkontrollierten Einfluss des Interviewers; Störanfälligkeit der Interviewsituation; geringe Auswertungsobjektivität bei der Verwendung inhaltsanalytischer Verfahren
Beobachtung	Unbewusste Probleme der Teilnehmer im Umgang mit dem Evaluationsgegenstand können identifiziert werden	Methodische Kontrolle der Beobachtungsleistung; Auswertung der Beobachtungsdaten sehr aufwendig
Fokusgruppe	starke Interaktion der Teilnehmer	Moderator und/oder dominierende Teilnehmer können einen signifikanten Einfluss auf den Verlauf und Inhalt der Diskussion haben
Dokumentenanalyse	Unabhängig von der Teilnahme bestimmter Personengruppen	Möglichkeit, dass zu bestimmten Evaluationen keine Dokumente existieren oder die zu analysierenden Dokumente nicht aktuell oder vollständig sind
Lautes Denken	Möglichkeit der Erschließung qualitativer Daten mit wenigen Personen	Teilnehmer können aus Gründen der Befangenheit Schwierigkeiten haben, ihre Gedanken laut zu äußern

der Gestaltungsmethode im Vordergrund steht und nicht die Bewertung der Gebrauchstauglichkeit der Softwareaspekte des Modellierungswerkzeuges.

In der Tabelle 11 werden die genannten Evaluationsmethoden im Hinblick auf deren Eigenschaften, Stärken und Schwächen für die Eignung der Evaluation

Tabelle 11: Eignung von Evaluationsmethoden für die Evaluation der Gestaltungsmethode

Evaluationsmethode	Eignung zur Evaluation der Gestaltungsmethode
Fragebogen und Online-Fragebogen	Ja
Kriterienkatalog	Ja
Interview	Ja
Beobachtung	Nein
Fokusgruppe	Bedingt
Dokumentenanalyse	Bedingt
Lautes Denken	Bedingt

der Gestaltungsmethode beurteilt. Vorweg kann festgestellt werden, dass eine „summative Evaluation" (Produktevaluation) angestrebt wird, da es sich um eine abschließende Bewertung einer bereits fertig entwickelten Gestaltungsmethode handelt. Darüber hinaus ist eine externe Evaluation durch Benutzungsschnittstellenentwickler aus der Praxis und Experten in der Domäne der Mensch-Technik-Interaktion vorgesehen. Die Anzahl der Evaluationsteilnehmer ist entscheidend dafür, ob eine qualitative oder quantitative Evaluation durchzuführen ist. Bei einer quantitativen Evaluation gilt es eine Repräsentativität der Ergebnisse herzustellen. Berekoven beschreibt hierzu: *„Die Auswahl einer Teilgesamtheit ist so vorzunehmen, dass „aus dem Ergebnis der Teilerhebung möglichst exakt und sicher auf die Verhältnisse der Gesamtmasse geschlossen werden kann." Dies ist dann der Fall, „wenn die Teilerhebung in der Verteilung aller interessierenden Merkmale der Gesamtmasse entspricht, d. h. ein zwar verkleinertes, aber sonst wirklichkeitsgetreues Abbild der Gesamtheit darstellt"* [Berekoven u. a. 2006] Die Evaluationsmethoden Fragebogen und Online-Fragebogen, Interview und Kriterienkatalog würden sich in der Evaluation der Gestaltungsmethode jeweils einzeln einsetzten oder als Methodenkombination, d.h. nach dem Ansatz der Triangulation zwischen Fragebogen, Kriterienkatalog und Interview. Andere Evaluationsmethoden wie die Fokusgruppe und lautes Denken sind nur bedingt geeignet. Grundsätzlich ist die Fokusgruppe ein effektives Instrument um eine qualitative Evaluation einer Methode durchzuführen. Allerdings gestaltet sich die Implementierung einer Fokusgruppe aus praktischer Sicht problematisch und würde mit hoher Wahrscheinlichkeit daran scheitern, eine heterogene Gruppe von Benutzungsschnittstellen-Entwicklern zu motivieren, im Rahmen eines

Workshops eine Gestaltungsmethode interaktiv zu evaluieren. Die Technik des lauten Denkens kann als ergänzendes Instrument hinzugezogen werden, ist jedoch als einzelne Methode nicht hinreichend. Hier müsste die Evaluation so durchgeführt werden, dass der Evaluator beim Testen der Methode durch die Testkandidaten als Beobachter anwesend ist. Dabei werden die Testkandidaten beim Umgang mit dem Modellierungswerkzeug zu lautem Denken aufgefordert. Die Technik „lautes Denken" läuft oft nach einem Schema ab, wo die Beobachtung und das Interview als Techniken mit integriert sind [Frommann 2005, S.3]. Eine Dokumentenanalyse wäre nur als geeignetes Instrument einsetzbar, wenn Evaluationen mit vergleichbaren Evaluationsgegenständen durchgeführt wurden. In einigen Aspekten vergleichbar ist die Evaluation innerhalb des Europäischen Forschungsprojektes VICON (www.vicon-project.eu). Hier wurde die Evaluation eines modelbasierten „Gestaltungsempfehlungs-Werkzeuges" von zwei Europäischen Konsumproduktentwicklern durchgeführt. Das Empfehlungswerkzeug basiert ebenfalls auf einem Kontextmodell mit ähnlicher Ontologiedatenstruktur wie in dieser Arbeit realisiert. Als Ergebnis erhalten die Produktentwickler Gestaltungsempfehlungen für den Entwurf barrierefreier Konsumprodukte.

Für die Evaluation der Gestaltungsmethode könnte eine Methodenkombination von „Fragebogen" und „Interview" eingesetzt werden. Die Kombination der Fragebogen-Technik mit der Interviewmethode wurde in [Harris & Brown, 2010] untersucht. Aufgrund der unterschiedlichen Methoden der Datenakquise, -analyse und –interpretation zwischen diesen beiden Techniken, kommt es oft zu Inkonsistenzen. Um dies möglichst zu vermeiden, wird empfohlen, dass die Fragen des Interviews und des Fragebogens strukturiert und ähnlich aufgebaut sind. Neben dieser Problematik können die Probanden während der Durchführung eines Interviews vom Evaluator beeinflusst werden. Um diesen Effekt auszuschließen ist vorgesehen, dass die Evaluation ausschließlich mit der Online-Fragebogen Technik durchgeführt wird.

Im nächsten Abschnitt wird auf die explizite Vorgehensweise bei der Durchführung des Evaluationsprozesses eingegangen.

6.1 Durchführung des Evaluationsprozesses

Gegenstand der Evaluation ist die Auswahl der Probanden und der Aufbau des Online-Fragebogens. In Abbildung 46 wird die Einordnung der Evaluation in das Vorgehensmodell verdeutlicht. Die Evaluation umfasst für die Probanden die Konfiguration der Arbeitssituation mittels eines ausgewählten Fallbeispiels und die Analyse der Arbeitssituation mit der Reasoning Engine zum Erhalt textbasierter Gestaltungsempfehlungen. Der Aufbau des Initialmodells sowie die Validierung sind nicht Bestandteil der Evaluation und werden nicht betrachtet.

Der Evaluationsprozess soll mit Hilfe eines Online-Verfahrens unterstützt werden, wobei ein Online-Fragebogen zum Einsatz kommen soll. Die Konfiguration einer Arbeitssituation bzw. die Modellierung des Fallbeispiels laut des Vorgehensmodells ist ein inhaltlicher Bestandteil des Online-Fragebogens. Die Nutzung von Online-Fragebögen hat gegenüber konventionellen papierbasierten Fragebögen verschiedene Vorteile wie Kosten, Zeit, Flexibilität, Funktionalität und Gebrauchstauglichkeit [Lumsden 2005, S.1]. Der Aufbau des Fragebogens soll sich an Richtlinien zum Entwurf von Online-Fragebögen orientieren. In Abbildung 47 ist der Entwurfsprozess für Online-Fragebögen dargestellt [Lumsden 2005, S.3].

Der Evaluationsprozess soll mit Hilfe eines Online-Verfahrens unterstützt werden, wobei ein Online-Fragebogen zum Einsatz kommen soll. Die Konfiguration einer Arbeitssituation bzw. die Modellierung des Fallbeispiels laut des Vorgehensmodells ist ein inhaltlicher Bestandteil des Online-Fragebogens.

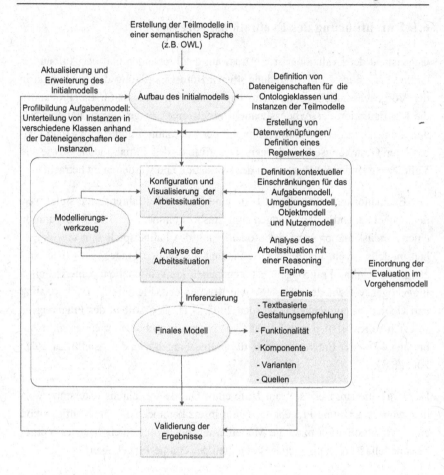

Abbildung 46: Einordnung der Evaluation im Vorgehensmodell der Gestaltungsmethode

Die Nutzung von Online-Fragebögen hat gegenüber konventionellen papierbasierten Fragebögen verschiedene Vorteile wie Kosten, Zeit, Flexibilität, Funktionalität und Gebrauchstauglichkeit [Lumsden 2005, S.1]. Der Aufbau des Fragebogens soll sich an Richtlinien zum Entwurf von Online-Fragebögen
orientieren. In Abbildung 47 ist der Entwurfsprozess für Online-Fragebögen
dargestellt [Lumsden 2005, S.3].

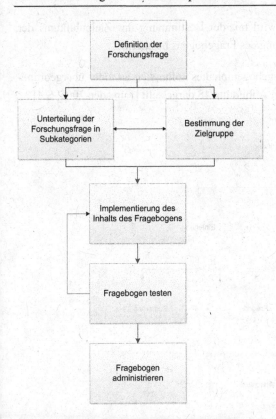

Abbildung 47: Entwurfsprozess für Online Fragebögen nach Lumsden

Ausgangspunkt stellt die Definition einer Forschungsfrage als Absicht des Fragebogens dar. Anschließend werden, in logischer Reihenfolge, die Themen und Aspekte beschrieben, die im Online-Fragebogen zu adressieren sind. Gleichzeitig wird empfohlen die Zielgruppe für den Fragebogen zu spezifizieren. Bevor der Online-Fragebogen veröffentlicht wird, sollte der Fragebogen einem iterativen Vortest unterzogen werden, um Missverständnisse der Fragen oder eventuell noch vorhandene Schwachstellen zu eliminieren. Auf Basis der Ergebnisse des Vortests sollte der Online-Fragebogen angepasst werden bis der Fragebogen alle Anforderungen für eine Veröffentlichung erfüllt. Abhängig vom Zielpublikum kann die Veröffentlichung von Online-Fragebögen über verschiedene

Medienkanäle erfolgen. Oft wird mit der Bestimmung des Zielpublikums der Medienkanal für die Verbreitung des Fragebogens bestimmt.

Die Implementierung des Fragebogeninhaltes sollte sich an einer übergeordneten Struktur orientieren, wie in Abbildung 48 dargestellt [Lumsden 2005, S.4].

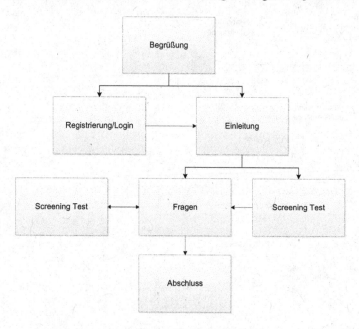

Abbildung 48: Struktur eines Online-Fragebogens

In Anlehnung an die obige Struktur sollte die Begrüßung des Online-Fragebogens so ausgelegt sein, dass diese sich in einer angemessenen Zeit aufbaut. Die Person oder Institution, die für den Fragebogen verantwortlich ist sollte deutlich

hervorgehoben sein. Darüber hinaus sollte die Begrüßung motivierend gestaltet sein und die Teilnehmer über den Ablauf des Fragebogens informieren. Eine Registrierung oder Login ist nur dann notwendig, wenn der Zugang zu einem Fragebogen bestimmten Personen vorbehalten ist. Die Einleitung sollte die Thematik des Fragebogens kurz, knapp, aber aussagekräftig zusammenfassen. Erläuterungen zu Datenschutzbestimmungen und der Wahrung der Anonymität der Teilnehmer trägt zur Erhöhung des Vertrauensfaktors der Teilnehmer bei. Die Fragen im Hauptteil sollten, in Anlehnung an papierbasierten Fragebögen, in einem konventionellen Format aufgebaut sein. Weiterführende Informationen zu dem Thema der Befragung können auf einer separaten Seite mit eingebaut werden. Jedoch sollte sichergestellt sein, dass eine Rückkehr zum Ausstiegspunkt möglich ist. Grundsätzlich werden Fragebögen mit einer Danksagung an die Teilnehmer abgeschlossen.

Übertragen auf dem Kontext der Evaluation der Gestaltungsmethode lässt sich die in Abbildung 49 dargestellte Struktur für den Entwurfsprozess ableiten.

6.2 Rekrutierung und Auswahl der Probanden

Die Zielgruppen für die Evaluation lassen sich in folgende Kategorien einordnen:

1. Unternehmen mit Fokus auf die Benutzungsschnittstellenentwicklung
2. Unternehmen mit Fokus auf die Entwicklung mobiler Technologien
3. Experten in der Mensch-Technik-Interaktion
4. Produktionsunternehmen
5. Beratungsunternehmen
6. Andere

Die Auswahl der Probanden erfolgte anhand einer Profilübereinstimmung über bereits bestehende Kontakte. Die Rekrutierung der Probanden wurde ausschließlich per Email durchgeführt. Insgesamt 28 geeignete Probanden wurden mit einer Einladung zur Unterstützung bei der Evaluation der Modellierungsmethode persönlich angeschrieben. Zur Datenerhebung wurden alle ausgewählten Probanden berücksichtigt, die einer Unterstützung bei der Evaluation zugestimmt haben. Konkret bedeutet dies, es wurden keine Stichproben gezogen, wie es in der Regel ab einer größeren Menge an Probanden praktiziert wird. In der Tabelle 12 ist eine Übersicht der Anzahl der angeschriebenen Probanden und die Anzahl der Teilnehmerzusagen dargestellt. Von 28 angeschriebenen Unternehmen und Instituten hatten 22 schriftlich für die Teilnahme an der Online-Befragung zugestimmt.

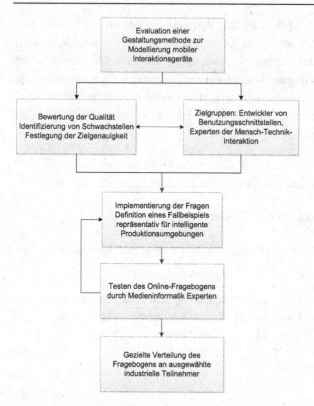

Abbildung 49: Entwurfsprozess für den Online-Fragebogen bei der Evaluation der Gestaltungsmethode

6.3 Aufbau des Online-Fragebogens

Der Online-Fragebogen wurde in „Limesurvey" implementiert. Limesurvey ist eine freie Online-Umfrage-Applikation. Online-Umfragen können damit entwickelt und veröffentlicht und Ergebnisse in einer Datenbank erfasst werden. Neben der einfachen Handhabung liegt ein Vorteil von Limesurvey darin, dass Schnittstellen zu gängigen Statistik- und Analysesoftwarewerkzeugen wie z.B. zu „IBM SPSS Statistics" vorhanden sind.

Tabelle 12: Übersicht der eingeladenen Probanden im Verhältnis zu der Anzahl der Zusagen

Zielgruppen-Kategorie	Anzahl der angeschriebenen Probanden	Anzahl der Zusagen
Unternehmen mit Fokus auf die Benutzungsschnittstellenentwicklung	10	7
Unternehmen mit Fokus auf die Entwicklung mobiler Technologien	6	5
Experten in der Mensch-Technik-Interaktion	3	2
Produktionsunternehmen	6	5
Beratungsunternehmen	3	3

Der Online-Fragebogen beginnt mit einer kurzen Einführung in das Thema und einer Erläuterung des Evaluationsgegenstandes. Hierzu gehören u.a. Informationen zum Ablauf der Evaluation, die Anzahl der zu beantwortenden Fragen und der voraussichtliche einzuplanende Zeitrahmen. Um den Einstieg in die Evaluation zu erleichtern, wurde eine thematisch relevante Frage eingeführt. Allgemeine Fragen, die ebenfalls für die Evaluation von Interesse sind, d.h. in die Datenauswertung mit einfließen, wurden aus Gründen der Aufmerksamkeitsverteilung der Probanden am Ende des Online-Fragebogens integriert. Zu der Vorbereitung der Probanden auf das Testen des Modellierungswerkzeuges wurden die Funktionen des Modellierungswerkzeuges und die Installation kurz erläutert. Die Aufforderung der Probanden das Modellierungswerkzeug zu installieren und sich mit den Funktionalitäten vertraut zu machen dient der Vorbereitung auf die Implementierung des Fallbeispiels. Der Online-Fragebogen besteht aus insgesamt 22 Fragen. Diese haben qualitative Bewertungsskalen (Likert-Skalen) und enthalten zusätzlich eine offene Frage. Eine vollständige Übersicht der Fragen ist im Anhang (Kapitel 10.2) dargestellt.

6.4 Fallbeispiel

Bei der Auswahl des Fallbeispiels stand die Repräsentierbarkeit eines Serviceprozesses in einer intelligenten Produktionsumgebung im Vordergrund. Das
bedeutet, dass der Prozess im Fallbeispiel durch Tätigkeiten geprägt sein sollte,
die sich im entwickelten Kontextmodell als Arbeitssituation darstellen lassen.
Als bevorzugter Serviceprozess wurde ein Inspektionsrundgang in einem Kernkraftwerk ausgewählt. Vorteil dieses Fallbeispiels ist, dass dies die Merkmale
eines mobilen Serviceprozesses laut der Definition in Kapitel 2.2 aufweist. Ein
weiterer Grund, warum dieses Fallbeispiel ausgewählt wurde, ist dass der Serviceprozess ein reales Szenario in einem Kernkraftwerk darstellt und auf Grundlage primärer Quellen, d.h. im Rahmen eines direkten Informationsaustausches
mit einem Industrieunternehmen aus dem Energiesektor entwickelt wurde.

Während des Evaluationsprozesses soll eine Konfiguration dieses Fallbeispiels
mit dem Modellierungswerkzeug vorgenommen werden. Zur Unterstützung der
Probanden während der Konfiguration der Arbeitssituation wurden die relevanten Kontextelemente kursiv hervorgehoben. Im folgenden Abschnitt wird das
Fallbeispiel qualitativ beschrieben. Zur Veranschaulichung einer typischen Arbeitsumgebung im Fallbeispiel ist in Abbildung 50 eine Reaktorgrube eines
Kernkraftwerkes dargestellt.

Bei einem *Rundgang* in einem Kernkraftwerk gibt es ca. 500 - 1000 manuell zu
erfassende *Messwerte* an diversen Anlagen. Ein Servicetechniker hat im Rahmen einer *Inspektion* den Auftrag, einen Teil dieser Messdaten auf seinem
Rundgang aufzunehmen.

Im Vorfeld beschafft sich der Servicetechniker einen *digitalen Arbeitsauftrag*
mittels seines mobilen Endgerätes, den er manuell *einbucht* und aktiviert. Zu
dem Auftrag gehört eine Liste der aufzunehmenden und zu *messenden Werte* an
bestimmten Arbeitsstellen. Typische Arbeitsstellen bei einem Rundgang sind
Pumpen, Reaktor- oder Kühlwasseranlagen.

Zu den Sicherheits- und Schutzmaßnahmen gehört, dass der Servicetechniker
entsprechende *Schutzkleidung* anlegt. Das schränkte seine *Feinmotorik ein.*

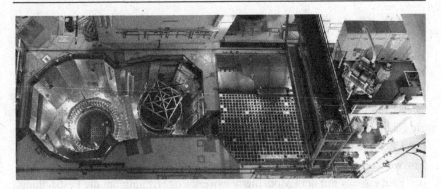

Abbildung 50: Reaktorgrube des Schweizer Kernkraftwerkes Gösgen [www.kkg.ch]

Die Ankunft des Servicetechnikers an der ersten Arbeitsstelle wird durch *Scannen einer Wertenummer* mit einem RFID Lesegerät bestätigt. Zur Abfrage des Betriebsstatus (z.B. Abfrage von Druck- und Temperaturwerte) wird zwischen dem mobilen Endgerät und der Anlage eine drahtlose Verbindung aufgebaut. So werden die *Sensordaten der Anlage abgerufen* und auf das mobile Endgerät übertragen. Die empfangenen *Messdaten werden anschließend mit den Referenzwerten in einer externen Datenbank verglichen.*

Es ist das Ziel abzuwägen, ob eine Anpassung der Parameter an dem Redundanzsystem der Anlage erforderlich ist. Im Falle der Anpassung gibt der Servicetechniker die korrigierten Werte manuell in sein mobiles Endgerät ein. Per Funkübertragung werden die neuen *Werte in das Redundanzsystem eingelesen.* Aufgrund der *Arbeitshandschuhe* des Servicetechnikers ist es nicht möglich die Daten per konventionelle Tastatur einzugeben. Aus diesem Grund werden die *Systemeingaben per Sprachbefehl* durchgeführt.

Bei Unstimmigkeiten z.B. bei Abweichungen, die außerhalb des Toleranzbereiches liegen, wird eine Störmeldung geschrieben. Wurden alle Werte aufgenommen, werden die *Ergebnisse digital dokumentiert, abgespeichert* und über das Firmen-Funknetz *in die externe Datenbank übertragen.* Hier stehen die Ergebnisse des Rundganges der Fachabteilung zur Verfügung. Nach Beendigung des Rundganges, also wenn der Arbeitsauftrag erfüllt ist, *quittiert der Servicetechniker den Arbeitsauftrag* und bucht diesen aus seinem System wieder aus.

6.5 Vortest der Umfrage

Bevor der Online-Fragebogen für die Evaluation freigeschaltet wurde, erfolgte in Analogie zu Abbildung 50 ein Vortest. Der Vortest bezog sich auf eine Beurteilung des Aufbaus des Fragebogens und der Qualität der verwendeten Fragen. Dieser führte schließlich zu einer Überarbeitung des Online-Fragebogens. Hierzu gehörten die Einführung von Urteilsskalen vorformulierter Antworten und die Überarbeitung der Reihenfolge der Fragen sowie deren Neuformulierung. Ein weiterer Aspekt des Vortests bestand aus der testweisen Implementierung des Fallbeispiels mit dem Modellierungswerkzeug. Es ging um die Feststellung, ob die Formulierung des Fallbeispiels für eine eindeutige Konfiguration der Kontextelemente angemessen ist. Die Arbeitssituation in dem Fallbeispiel konnte ohne Schwierigkeiten dargestellt werden. Es stellte sich außerdem heraus, dass die kursive Darstellung der Kontextelemente im Fallbeispiel zu einer maßgeblichen Erleichterung bei der Konfiguration der Arbeitssituation innerhalb des Modellierungswerkzeuges beigetragen hat.

6.6 Ergebnisse der Evaluation

Für die Evaluation wurde ein Zeitfenster von sieben Tagen angesetzt zuzüglich einer Nachlaufzeit von drei Tagen. Insgesamt haben elf Teilnehmer der zweiundzwanzig zugesagten Probanden die Evaluation vollständig durchgeführt. Zwei Probanden hatten technische Probleme das Modellierungswerkzeug zu starten, da diese als Betriebssystem nicht Windows verwendeten. Ein Teilnehmer konnte das Modellierungswerkzeug aufgrund der Sicherheitsrichtlinien im Unternehmen nicht testen. Die übrigen acht Probanden gaben an, dass sie aus zeitlichen Gründen an der Evaluation nicht teilnehmen konnten. Diese Ergebnisse wurden bei der Auswertung nicht berücksichtigt. Einige Probanden haben die Umfrage begonnen, aber nicht abgeschlossen. Der zeitliche Aufwand, den die Teilnehmer aufbrachten lag entgegen der Abschätzung von 25-30 Minuten bei 45-60 Minuten. Wie in Abbildung 51 ersichtlich deckten die Probanden alle angestrebten Unternehmenskategorien ab. Davon zählten fünf Unternehmen zu Benutzungsschnittstellen-Entwicklern. Drei Unternehmen waren Beratungsunternehmen, ein Unternehmen mit Fokus auf die Entwicklung mobiler Technologien, ein Produktionsunternehmen und ferner ein Forschungsinstitut.

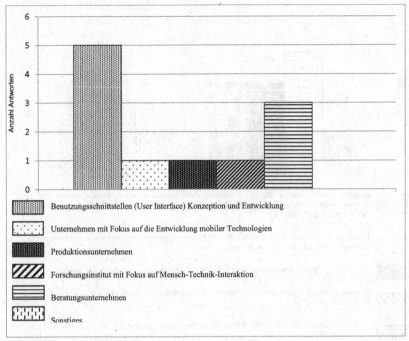

Abbildung 51: Einteilung der Probanden nach Kategorien

Die Mehrheit der Probanden verwendete die in der Umfrage vorgegebene Methoden und Werkzeuge, wie aus Abbildung 52 zu erkennen ist. Am häufigsten kommt die Methode der Kreation nicht-funktionaler Prototypen beim Testen mit dem Kunden zum Einsatz. Drei von elf der Probanden verwenden Methoden, die nicht mit aufgeführt waren. Hierzu gehören u.a. Konzepterstellung mittels Wireframes, Low Fidelity Prototypen (z.B. in Axure), teilnehmende Beobachtungen und Rapid Prototyping. Bei allen Probanden herrschte ein ähnliches Verständnis über kontextorientierte Produktgestaltung.

Bei der Auswertung der Ergebnisse wurde jedem Teilnehmer eine Nummer zugeordnet. Auf diese Weise kann die Anonymität der Teilnehmer sichergestellt werden. Sechs Unternehmen willigten ein, dass ihre Namen in dieser Arbeit genannt werden dürfen. Die Tabelle 13 liefert eine Übersicht der Zuordnung der Teilnehmer-Nr. zu den Unternehmenskategorien.

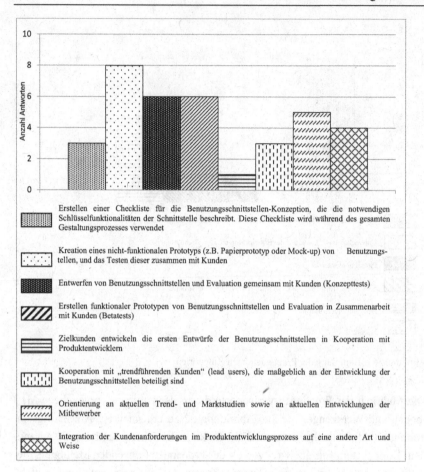

Abbildung 52: Die von den Probanden verwendeten Gestaltungsmethoden

Tabelle 13: Zuordnung der Teilnehmer-Nr. zu den Unternehmenskategorien

Teilnehmer-Nr.	Frage 21: Für was für ein Unternehmen arbeiten Sie
1	Benutzungsschnittstellen (User Interface) Konzeption und Entwicklung
2	Benutzungsschnittstellen (User Interface) Konzeption und Entwicklung
3	Beratungsunternehmen
4	Forschungsinstitut mit Fokus auf Mensch-Technik-Interaktion
5	Beratungsunternehmen
6	Benutzungsschnittstellen (User Interface) Konzeption und Entwicklung
7	Unternehmen mit Fokus auf die Entwicklung mobiler Technologien
8	Produktionsunternehmen
9	Beratungsunternehmen
10	Benutzungsschnittstellen (User Interface) Konzeption und Entwicklung
11	Benutzungsschnittstellen (User Interface) Konzeption und Entwicklung

Im folgenden Abschnitt sind die Kommentare der Teilnehmer bezüglich der offenen Fragen wiedergegeben. Es gab insgesamt vierzehn offene Frage, wobei die meisten Fragen keine Pflichtfragen darstellten. Aus diesem Grunde nutzten nicht alle Teilnehmer die Möglichkeit jede offene Frage zu beantworten.

Die detaillierte Übersicht der Auswertung der zweiundzwanzig geschlossenen Fragen ist im Anhang dieser Arbeit integriert.

Frage 01: Welche Methoden verwenden Sie, um die Anforderungen von Kunden bei der Produktentwicklung zu berücksichtigen?

Zu Frage 01: Integration der Kundenanforderungen im Produktentwicklungsprozess auf eine andere Art und Weise (Erläutern Sie bitte im Textfeld unten die Art der Methoden, Techniken und Werkzeuge die hier zum Einsatz kommen):

1: Nutzungskontextanalyse, z.B. Beobachtung und Interviews von Endnutzern; Konzepterstellung mittels Wireframes Low-Fidelity Prototypen, z.B. in Axure; Usability Tests mit Endnutzer

4: Durchführung von Analysen: strukturierte Interviews und teilnehmende Beobachtungen

9: User-Centered Design mit Rapid Prototyping

Frage 02: Was bedeutet für Sie die kontextorientierte Gestaltung von Produkten (Hardware, Software)

1: Der Endnutzer und seine Ziele, Fähigkeiten und Situation bei der künftigen Benutzung müssen bei der Konzeption berücksichtigt werden, um ein erfolgreiches Produkt zu gestalten. Der nutzerzentrierte Gestaltungsprozess ist auch kontextorientiert, auch wenn wir den Begriff "kontextorientiert" nicht einsetzen.

2: 1.) Kontext erfassen (Zielgruppen etc.); 2.) Aufgabenanalyse; 3.) Ableitung von Nutzeranforderungen; 4.) Entwurf der Produkte bzw. von Teilaspekten derselben; 5.) Test der Entwürfe und ggf. Iteration. Diese Punkte werden dann in den normalen Entwicklungsprozess angegliedert

3: Aus Herstellersicht: Einbeziehung der Endanwender in den Entwicklungsprozess; Besondere Berücksichtigung der spezifischen Anforderungen der Endanwender; Fokus auf User Acceptance Tests in der Abnahme und Freigabe. Aus Endanwendersicht: Hoher Anpassungsgrad auf meine kundengruppenspezifischen Anforderungen

4: Die Bedienung, das Aussehen, die Interaktion sind angepasst an die Rahmenbedingungen (Lärm, Lichtverhältnisse, Gefahrenbereiche, Anzahl der Mitarbeiter, usw.)

5: Ist ein essentielles Erfolgskriterium für die Akzeptanz beim Endanwender (neben der geforderten Funktionalität)

6: Orientierung am Kontext des Nutzers bei der Benutzung der Hard-/Software, z.B.: Arbeitsumgebung (drinnen/draußen → Lichtverhältnisse, trägt man Handschuhe), Prozesse (wie ist der Workflow), Zusammenarbeit mit anderen Benutzern (müssen Daten freigegeben werden?) Bei Software: auf welchem Gerät läuft die Software? Wie viele Monitore, welche Größe?

7: Software und Hardware müssen so gestaltet sein, dass sie der Unterstützung der eigentlichen Tätigkeit dienen / nützen.

8: Die Aspekte an ein zu entwickelndes Produkt werden in einem Lastenheft zusammengestellt und berücksichtigt

9: Der Kontext bezieht sich nicht nur auf Umgebungs- und Situationsaspekte, sondern auch auf Zielgruppenparameter wie Alter (digtial natives/immigrants), bestehende Verhaltenspattern etc. Bei der Gestaltung von Produkten sollten diese Parameter demnach eingehend betrachtet werden um eine möglichst hohe Akzeptanz und Effizienz durch das UI des Produktes zu erreichen.

10: Der Einsatz von Software ist immer kontextbehaftet. Der Kontext ist daher eines der höchsten Güter bei der Entwicklung.

11: Synchronisation der menschlichen Erfordernisse (bewusst) und Bedürfnisse (unbewusst) mit den technischen Möglichkeiten unter Berücksichtigung von Aspekten der Einsatzumgebung (Geographie + Soziologie + Unternehmenskultur)

4.2 Wenn ja, bitte beschreiben Sie nachfolgend die Art der Schwierigkeiten.

1: Manche Begriffe waren nicht zu 100% selbsterklärend. Manche Begriffe wurden mehrmals aufgelistet. Die Modellierung ist begrenzt durch vorgegebene Elemente, es gab keine Möglichkeit, weitere Elemente anzulegen.

4: Alle Aspekte im Werkzeug wiederzufinden

6: Bei einigen beschriebenen Vorgängen war nicht klar, ob diese als "Nutzerinteraktion" oder als "Tätigkeit" anzugeben sind → die Differenzierung erschien nicht eindeutig.

8: In Ihrem Beispiel tauchen eine Menge Aufgaben / Tätigkeiten auf, sodass es sehr schwer ist sich auf die wesentlichen daraus abzuleitenden Merkmale zu konzentrieren. Tendiert man dann eher zu mehreren Aufgaben / Tätigkeiten (und Verknüpfung) werden die Empfehlungen der Plattformkomponenten leider nicht weit genug eingeschränkt so dass letztlich ein ganzer Blumenstrauß von Geräten zur Auswahl steht. Ich hätte den Rundgang auch eher unter einer Aufgabe / Tätigkeit vermutet, stattdessen ist dieser unter der Umgebung zu finden. Auch unter dem weiteren Selektionsfeld Nutzer finde ich dann Tätigkeiten wieder z.B. "Arbeitsaufträge ein-/ausbuchen" Bei dem Selektionsfeld „Objekt" geht es dann auch so weiter. Ein „Objekt" ist ein konkreter Gegenstand wie z.B. eine Pumpe, eine Armatur, oder eine Druckmessstelle, nicht aber eine Pumpenüberwachung.

11: Doppelbenennung von Menüpunkten, kontextuelle Vermischung von Kernkraftwerks-Produktionsumgebung mit denen einer gewöhnlichen Fabrikhalle

6.2 Falls Sie bei den Szenarien bestimmte Aspekte vermisst haben, führen Sie bitte aus, welche Aspekte dies sind:

1: Die Szenarien sind sehr allgemein formuliert. Sie sind nicht detailliert genug, um daraus ein Interaktionskonzept abzuleiten. Man müsste also die detaillierten Anforderungen woanders dokumentieren.

2: Speziell der Transfer aus der beschriebenen Situation Kernkraftwerk auf die allgemeinen Beschreibungen ist nicht einfach.

8: Ich bin mir nicht ganz sicher, ob das gleiche Verständnis für Produktion vorliegt. Die Produktion ist bei uns die Abteilung, die die Anlagen betreibt und überwacht. Dazu gehören dann jedenfalls nicht die Lageraufgaben oder Transportaufgaben. Das könnte ggf. bei einer Bandfertigung der Fall sein, nicht aber in einer kerntechnischen Anlage.

11: Bei 6.1 fehlt ein mir wichtiger Aspekt komplett: "zu viel"! Meine Auswahl dort stellt somit nicht meine tatsächliche Meinung dar, sondern lediglich die die mir innerhalb der verfügbaren Möglichkeiten als "Passendste" erschien

7.1 Wie bewerten Sie Ihre Zufriedenheit mit der Handhabung des Modellierungswerkzeuges?

7.2 Wenn Sie unzufrieden waren, führen Sie bitte aus warum:

1: Die Mischung von Nutzerinteraktionen und Nutzereinschränkungen in einem Feld finde ich ungünstig, da sie wenig miteinander zu tun haben. Aufgaben und Tätigkeiten sind auch zusammengeführt, dort gibt es aber zwei Schaltflächen oberhalb der Liste. Hier mangelt es an Konsistenz.
Die Eingabe von weiteren Informationen über die Nutzer (Ausbildung, Vorwissen, Motivation, Ziele, etc.) ist nicht möglich.
Es ist nicht möglich, in den Listen links zu scrollen. Um zu sehen, was man ausgewählt hat, müssen die Dialogfenster geöffnet werden. Es fehlen Tooltipps und Mouseover-Effekte, um die Bedienung intuitiver zu machen und bestimmte Begriffe näher zu erläutern.

3: Übersichtliche Nutzerführung, aber im Bereich der Aufgaben wurden Antwortoptionen z.T. mehrfach aufgeführt. Das verwirrt!

6: Es ist nicht ersichtlich, auf welche Selektion die Empfehlungen zurückzuführen sind. Die Selektionskriterien (Aufgaben, Tätigkeiten,..) sind nicht durchsuchbar.

8: Nach der Modellierung war die Anzahl der vorgeschlagenen/empfohlenen Plattformkomponenten zu groß

11: Keine vorgeschaltete Selektionsmöglichkeit nach konkreter Produktionsumgebung (Atomkraftwerk vs. Fabrikhalle) welche bereits die zahlreichen Möglichkeiten auf die wirklich relevanten Inhalte reduziert

9.1 Wie bewerten Sie Ihre Zufriedenheit mit dem "Look & Feel" des Modellierungswerkzeuges?

9.2 Wenn Sie unzufrieden waren, führen Sie bitte aus warum:

1: Sieht aus wie eine Software für Windows 95 - sehr trist, aber funktional.

5: Sehr textlastig, Funktionalität stand eher im Vordergrund

6: Der Look & Feel ist nicht zeitgemäß. Der Abstand innerhalb der Boxen ist sehr klein

8: Ich denke mal, dass solch ein Werkzeug sehr viel besser zu gestalten wäre. Mehr Hinweise, mehr Erläuterungen zu den einzelnen Selektionen, ggf. optisch eine bessere Darstellung der Abhängigkeiten der Selektionen untereinander. Die Auflösung, warum das Ergebnis denn so ist wie es ist fehlt bzw. was man ändern muss um auch zu einer anderen Variante zu kommen.

9: Unflexible Fensteranordnung; kein "roter Faden" erkennbar

11: Unübersichtlich, keine Unterstrukturen (= Menüpunkte) erkennbar die ein schnelles scannen nach relevanten Inhalten ermöglichen

12.2 Wenn die Gestaltungsempfehlungen für Sie nicht nachvollziehbar waren, beschreiben Sie bitte warum:

1: Schon nachvollziehbar, aber sehr techniklastig. Für die Gestaltung der Benutzeroberfläche sind sie nicht hilfreich.

3: Die Gestaltungsempfehlungen sind im Kern zutreffend und nachvollziehbar, müssten aber größtenteils erheblich schärfer formuliert werden! Beispiel: "Ein großer Arbeitsspeicher ist insbesondere dann erforderlich wenn die Tätigkeit des Nutzers den Umgang mit komplexen Applikationen und umfangreiche Datensätze erfordert". Fragen dazu: Wann ist ein Arbeitsspeicher "groß"? Wann ist eine Applikation "komplex"? „Wann sind Datensätze umfangreich?" „Wann" im Sinne von: "welche Kriterien müssen erfüllt sein?"

9: Empfehlungen sind sehr techniklastig. Parameter bestehen fast ausschließlich aus "Hardware"-Werten wie Prozessor, Arbeitsspeicher, Datenübertragung, Ortung, Grafikkarte, Festplatte etc. Die Software-Benutzerschnittstellen Komponenten, die viel stärker auf die Aufgaben und Nutzereigenschaften auswirken) sind fast gänzlich außer Acht gelassen.

11: Ich war mir im ersten Schritt "Aufgaben" nicht sicher ob die gewählten Aufgaben mit dem tatsächlichen Ziel deckungsgleich sind.

13.2 Falls Sie eine Idee haben wie der Informationsgehalt der Gestaltungsempfehlungen verbessert werden kann, beschreiben Sie bitte nachfolgend diese.

1: Vorgaben bzgl. Kontrast und Textgröße. Priorisierung der darzustellenden Informationen. Platzierung von Elementen auf dem Bildschirm. Größe der touchbaren Flächen etc.

3: Wenn's geht, qualitative Aussagen (s. meine Antwort auf Frage 12) bitte irgendwie quantifizieren, zumindest durch die Ausgabe von Referenzwerten oder Bandbreiten (Ranges). Damit werden Begriffe wie "groß", "komplex", "umfangreich", etc. besser greifbar. Ansonsten ist es schwer, sinnvolle Eingrenzungen der zur Verfügung stehenden Gestaltungsalternativen vorzunehmen - das aber ist für die Spezifikation der GUI/ Hardware/ Software unbedingt erforderlich!

4: Anschauliches Beispiel aus der Praxis einfügen

8: Die Gestaltungsempfehlungen beziehen sich ausschließlich auf die ausgewählte Plattform-Komponentenempfehlung. Leider gibt es keinen Hinweis darauf welche Plattform Komponentenempfehlungen das Merkmal auch beinhalten bzw. auf keinen Fall beinhalten. Um eine geeignete Auswahl zu finden muss man nun Punkt für Punkt durcharbeiten.

9: Hinweise wie "Arbeitsspeicher sollte dem Stand der Technik entsprechen" und "Schreibgeschwindigkeit von Speichermedien sollten Einsatzzweck angepasst sein" sind nicht wirklich sinnvolle Hinweise bei der Gestaltung einer Benutzungsschnittstelle.

11: Auf Grund der nicht ausgeräumten Trennungsunschärfe Atomkraftwerk vs. Fabrikhalle bin ich nicht zufrieden, da ich verunsichert zurückgelassen wurde

14.2 Falls Sie Vorschläge haben, wie die Priorisierung der vorgeschlagenen Gestaltungsempfehlungen besser umgesetzt werden könnte, beschreiben Sie diese bitte nachfolgend.

1: Die technischen Empfehlungen sind hoch priorisiert, die "Kommunikationsempfehlungen" sind von mittlerer Priorität. Meines Erachtens sind viele Kommunikationsempfehlungen auch von hoher Priorität.

4: Mir ist nicht aufgefallen, dass die Empfehlungen priorisiert aufgelistet sind

8: Es ist nicht klar, wofür priorisiert wird bzw. auf was sich die Priorität bezieht

11: Welche Priorisierung? Falls eine solch erfolgte war diese für mich nicht unmittelbar erkennbar -> Designproblem

15.2 Falls Sie Vorschläge haben, wie die Aufbereitung der vorgeschlagenen Empfehlungen besser umgesetzt werden könnte, beschreiben Sie diese bitte nachfolgend.

1: Sind momentan zu textlastig. Abbildungen oder Fotos würden die Darstellung auflockern. Priorität sollte mit Farbe und Icons kodiert werden. Und warum sind keine Umlaute dargestellt? Der Text wird dadurch schwieriger zu lesen.

3: unter der Restriktion rein qualitativer Aussagen: gut bis sehr gut!

11: 1. Klare Vorselektion nach Einsatzorten (Atomkraftwerk vs. Fabrikhalle), 2. Unterstrukturierung mittels Überschriften, 3. Klar erkennbare Priorisierung (Farbe und/oder Nummerierung)

16.2 Falls Sie Funktionen vermisst haben, nennen Sie uns diese bitte nachfolgend.

1: Siehe vorherige Kommentare.

3: Einzige Anmerkung: Nach dem sogenannten MUSCOW (MUst/Should/COuld/Won't) Schema zur Anforderungsklassifikation wäre es sinnvoll, noch Leistungsmerkmale zu erfassen, die das System ausdrücklich NICHT befriedigen soll. Grund ist, dass zwar mögliche, aber nicht gewünschte/ geforderte Leistungsmerkmale die Performance entscheidend beeinträchtigen können.

8: siehe vorherige Texte

9: Sortierung/Gruppierung der Empfehlungen nach z.B. Priorität
Visuelle Darstellung könnte verbessert werden (Verwendung von Farben, Symbolen) Bedienungs-"Wizard" bei der Eingabe der Parameter

11: Wie bereits mehrfach erwähnt: Vorselektion nach Einsatzorten (Atomkraftwerk vs. Fabrikhalle)

19.1 Können Sie sich vorstellen, dass dieses Modellierungswerkzeug die Konzeption von Benutzungsschnittstellen qualitativ verbessern kann?

19.2 Wenn ja, bitte beschreiben Sie nachfolgend bei welchen Aufgaben Sie dies tun würden.

2: Kontextanalyse

3: Analyse von Kundenanforderungen zur Instanziierung von Softwaretools im Rahmen des IT-Servicemanagement

4: Prüfung, ob Anforderungen vollständig. Werkzeug kann auf nicht-beachtete Faktoren aufmerksam machen

7: Konzeption und Prototyping von neuen (Wearable) Computing Anwendungen

19.3 Haben Sie konkrete Vorschläge, wie dieses Modellierungswerkzeug Ihren Workflow unterstützen könnte?

3: Identifikation von "Hotspots" in der Entwicklung und Ableitung qualitativer Gestaltungsalternativen/ -empfehlungen

7: Gegebenenfalls könnten noch Benutzungsschnittstellen angezeigt und vorgeschlagen werden, z.B., welche "Widgets" verwendet werden könnten oder welche Farbgebung passen würde.

Frage 22: Gibt es Ihrerseits Kommentare, Meinungen oder Verbesserungsvorschläge zu dem Modellierungswerkzeug?

1: Momentan sind die Empfehlungen sehr allgemein gehalten und auf technische Aspekte eines Systems fokussiert, deswegen sind sie für die Gestaltung der Benutzerschnittstelle nicht ausreichend.

3: Schlicht im Design aber wirkungsvoll. Wenn möglich die Einträge im Fenster "Plattformkomponenten-Empfehlungen" nach Priorität farbmarkieren (rot|gelb|grün), da sie nicht entsprechend ihrer Priorität sortiert sind. Auf meinem Rechner ändern sich bei Auswahl der unterschiedlichen Plattformkomponenten die Größenverhältnisse der Fenster "Plattformkomponenten-Empfehlungen" und "Textbasierte Gestaltungsempfehlungen". Das irritiert ziemlich, weil dabei ein ständiges Hoch- und Runterscrollen im unteren Fenster notwendig wird. Bitte die Fenstergrößen fixieren.

6: Ich hätte mehr Gestaltungsempfehlungen für die Benutzeroberfläche erwartet: z.B.: größere Trefferflächen wegen der Handschuhe, etc.

7: die Herausforderung wird sicher sein, wie man den Datenbestand, der hinter der Anwendung liegt, aktuell halten kann, da sich hier nicht nur die

Technologien, sondern auch die Anwendungsfelder die Nutzer und ggfs. die Umgebungsbedingungen rasant ändern. Wer hätte vor 5 Jahren gedacht, wer/wie/wo Smartphones benutzt? - Diese Frage würde ich gerne beantwortet sehen.

9: Erweiterung des wählbaren Contents; Mehr aktuelle Aspekte des UID

11: Guter Ansatz, aber noch zu optimierende Detaillösungen

Im nächsten Unterkapitel folgt die Auswertung und Interpretation der Ergebnisse auf Basis der in diesem Kapitel vorgestellten Ergebnisse.

6.7 Auswertung und Interpretation der Ergebnisse

Bei einigen Elementen der Teilmodelle war die eindeutige inhaltliche Differenzierung nicht unmittelbar möglich. Ursache hierfür war, dass es z.B. zwischen Elementen wie Tätigkeiten und Nutzerinteraktionen ein fließender Übergang vorhanden war. Während des Modellierungsprozesses gab es einen Bedarf innerhalb einer Arbeitssituation neue Teilelemente anzulegen, die über die vordefinierten Elemente des Initialmodells hinausgehen. Diese Option war als Funktionalität in dem prototypischen Modellierungswerkzeug zum Zeitpunkt der Evaluation nicht vorgesehen. Jedoch im Sinne der Erfüllung der Anforderung der einfachen Erweiterbarkeit war dieser Aspekt bereits zum Zeitpunkt der Implementierung für eine Verfeinerung der Methode angedacht.

Der generische Charakter des Kontextmodells wurde von einigen Teilnehmern als nachteilig angesehen. Um ein möglichst großes Spektrum an Arbeitssituationen zu bedienen, wurde bewusst darauf geachtet, dass die Elemente der Teilmodelle hinreichend allgemein formuliert sind. Für einige Probanden war die Ausprägung der Elemente des Kontextmodells nicht spezifisch genug, um eine detaillierte Beschreibung der Arbeitssituation abzuleiten. Insbesondere vor dem Hintergrund der Konfiguration des Fallbeispiels wurde beispielsweise ein größerer Detaillierungsgrad in den Umgebungsaspekten vermisst. Obwohl ein Kernkraftwerk im weiten Sinne eine mögliche Variante einer Produktionsumgebung darstellt (Produktion von Energie), wurde aufgrund spezieller Anforderungen diese nicht unmittelbar mit einer Produktionsumgebung in Zusammenhang gebracht.

Ein mehrfach wiederholter Kritikpunkt der Probanden war, dass eine relativ große Anzahl an Empfehlungen vorgeschlagen wurde. Dieses Phänomen lässt sich darauf zurückführen, dass Empfehlungen, die aufgrund von Einschränkungen nicht zwangsweise ausgeschlossen sind, als Ergebnis mit präsentiert werden. Ein Proband machte den konstruktiven Vorschlag der Einführung eines Schemas zur Anforderungsklassifikation (MUSCOW: MUst/Should/COuld/ Won't) [Clegg & Barker 1994]. Leistungsmerkmale können erfasst werden, die das System ausdrücklich nicht befriedigen soll. Grund ist, dass zwar mögliche, aber nicht geforderte Leistungsmerkmale die Benutzbarkeit entscheidend beeinträchtigen können.

Die Empfehlungen waren für die meisten Teilnehmer im Kern nachvollziehbar, jedoch in ihrer Ausprägung zu allgemein (qualitativ). Qualitative Empfehlungen haben den Vorteil der Motivation eines größeren Gestaltungsspielraumes des Modellierers, um innovative Lösungen zu realisieren. Schärfere, quantifizierte Empfehlungen sind aus Sicht der Produktentwicklung vor allem dann nützlich, wenn vorhandene Produkte angepasst werden sollen. Darüber hinaus wurde betont, dass die Gestaltungsempfehlungen einen sehr technischen Fokus besitzen. Es wurde vor allem von Software-Benutzungsschnittstellenentwicklern kritisiert, dass die Softwarekomponenten gänzlich außer Acht gelassen wurden. Diese Tatsache begründet sich dadurch, dass die Gestaltungsmethode Softwarekomponenten nicht berücksichtigt, sondern lediglich auf Hardware-Komponenten fokussiert.

Die Differenzierung der Gestaltungsempfehlungen nach Priorität war für viele Probanden nicht selbsterklärend, bzw. wurde von einigen nicht wahrgenommen. Bei einer Verfeinerung des Modellierungswerkzeuges sollte darauf geachtet werden, dass dem Nutzer des Modellierungswerkzeuges diese Informationen auf einer eindeutigen Weise präsentiert werden.

Eine überwiegende Anzahl der Probanden war der Meinung, dass eine Optimierung der Visualisierung der Gestaltungsempfehlungen erforderlich ist, wenn diese zu einem Mehrwert bei der Konzeption von Benutzungsschnittstellen beitragen sollen. Genannte Punkte waren u.a. Optimierung der Schriftgröße und des Kontrastes, die Kodierung der Informationen durch die Verwendung von Farben und Icons, und die Verwendung von Beispielen mit Bildern. Inhaltstechnisch wurde von einem Teilnehmer erwähnt, dass es aus Sicht des Modellierers wünschenswert wäre alle Plattformkomponenten dargestellt zu bekommen, die das Merkmal einer bestimmten Empfehlung beinhalten. Auf diese Weise könnte der Entwurfsprozess des mobilen Interaktionsgerätes signifikant beschleunigt werden.

Im nächsten Unterkapitel werden die Ergebnisse der Evaluation für die Verfeinerung der Gestaltungsmethode herangezogen.

6.8 Verfeinerung der Gestaltungsmethode

Die konstruktiven Ergebnisse der Evaluation wurden genutzt, die Gestaltungsmethode in ihren Elementen, Techniken und Vorgehensweisen zu verfeinern. Ein sehr grundlegender Aspekt, der von den Teilnehmern während der Durchführung der Evaluation angesprochen wurde, war die Präsentation der Gestaltungsempfehlungen. Abbildung 53 verdeutlicht die Präsentation der Plattform- und Gestaltungsempfehlungen im Modellierungswerkzeug.

Ein Defizit ist, dass nicht die gängigen Bezeichnungen der Plattformkomponenten präsentiert werden, sondern die Namen der Instanzen der Empfehlungen. In dieser Terminologie kommt der Name der Plattformkomponente in Verbindung mit dem Namen der Unterklasse und der Instanzen des Plattformmodells vor.

Eine Differenzierung zwischen der Plattformkomponente und der zugehörigen Unterklasse ist auf diese Weise für den Nutzer des Modellierungswerkzeuges nicht intuitiv zu erkennen. Um eine eindeutigere Aufbereitung der Gestaltungsempfehlungen, die alle Anforderung einer guten Visualisierung von Informationen erfüllt zu erreichen, müssen die Relationen der Teilmodelle wie Plattformmodell und Empfehlungsmodell, sowie das Modellierungswerkzeug angepasst

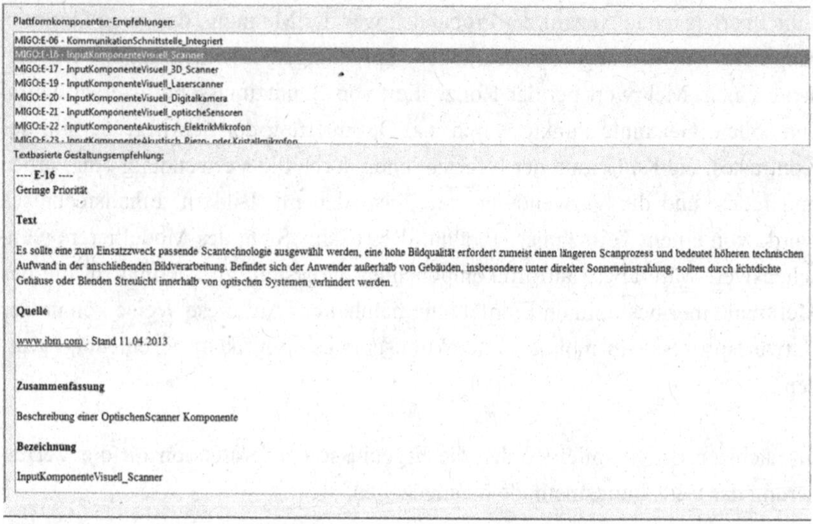

Abbildung 53: Präsentation der Plattform- und Gestaltungsempfehlungen im Modellierungswerkzeug

werden. Für jede Empfehlung E01…En sind die zugehörigen Plattformkomponenten P01…Pn eindeutig zuzuordnen. Dies stellt die Grundvoraussetzung dar,
um eine Relation zu den Plattformkomponentenbezeichnungen herzustellen.
Abbildung 54 verdeutlicht die Erweiterung des Modellierungswerkzeuges im

Hinblick auf eine Visualisierung relevanter Plattformkomponenten zu den Empfehlungen.

Im Vergleich zu der alten Version des Modellierungswerkzeuges wurde in der
Benutzeroberfläche ein weiteres Fenster mit direktem Bezug zu den Plattformkomponenten eingeführt. Auf diese Weise konnte eine Relation zwischen der
textbasierten Gestaltungsempfehlung und den zugehörigen Plattformkomponenten hergestellt werden.

Vor dem Hintergrund einer angemessenen Visualisierung und Aufbereitung der
Gestaltungsempfehlungen können insbesondere die Ansätze von Entwurfsmustern (design patterns) herangezogen werden [Borchers 2008; Landay & Borriello
2003]. Der Vorteil dieser Variante der Informationspräsentation liegt vor allem

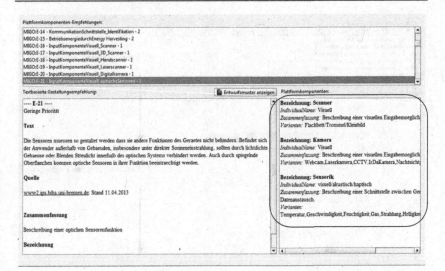

Abbildung 54: Erweiterung des Modellierungswerkzeuges durch die Darstellung der Plattformkomponenten

in der standardisierten Struktur und Veranschaulichung, was nicht zuletzt den
Austausch und die Wiederverwendbarkeit von Gestaltungsanforderungen zwischen verschiedenen Designteams vereinfacht. In Ergänzung zu einer verbesser-
ten Aufbereitung der Gestaltungsinformationen im Modellierungswerkzeug

Vor dem Hintergrund einer angemessenen Visualisierung und Aufbereitung der
Gestaltungsempfehlungen können insbesondere die Ansätze von Entwurfsmustern (design patterns) herangezogen werden [Borchers 2008; Landay & Borriello
2003]. Der Vorteil dieser Variante der Informationspräsentation liegt vor allem
in der standardisierten Struktur und Veranschaulichung, was nicht zuletzt den
Austausch und die Wiederverwendbarkeit von Gestaltungsanforderungen zwischen verschiedenen Designteams vereinfacht. In Ergänzung zu einer verbesser-
ten Aufbereitung der Gestaltungsinformationen im Modellierungswerkzeug
können im einfachsten Fall die entsprechenden Entwurfsmuster über einen interaktiven Link mit Verweis auf eine PDF-Datei bereitgestellt werden. Wünschenswert wäre eine automatische Generierung von Entwurfsmustern mittels
der Daten des Initialmodells. In Kapitel 3.1 wurde bereits die Hinzuziehung von

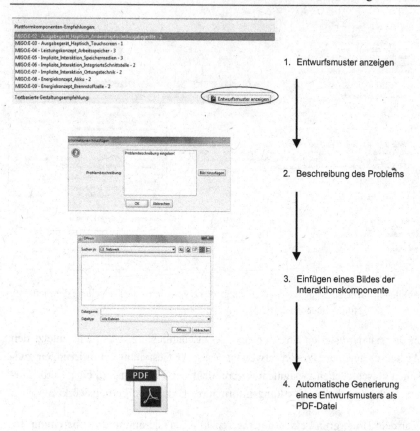

Abbildung 55: Erweiterung des Modellierungswerkzeuges mit einer Funktionalität zur automatischen Generierung von Entwurfsmustern aus den Empfehlungen

Entwurfsmustern als potenzielle Quellen für die Gestaltungsempfehlungen angeregt. In diesem Fall geht es weniger darum existierende Entwurfsmuster als Quellen zu verwenden, sondern die Gestaltungsempfehlungen des Modellierungswerkzeuges als Entwurfsmuster aufzubereiten.

Abbildung 55 verdeutlicht die Erweiterung des Modellierungswerkzeuges im Hinblick auf die Integration einer Funktionalität zur automatischen Generierung eines Entwurfsmusters.

Dies folgt der sequentiellen Reihenfolge:

1. Entwurfsmuster anzeigen
2. Beschreibung des Problems
3. Einfügen eines Bildes der Interaktionskomponente
4. Automatische Generierung eines Entwurfsmusters als PDF-Datei

Entwurfsmuster folgen einem standardisierten Aufbau, der die Problembeschreibung, den Kontext und die Lösung des Problems enthält. Relationen zwischen strukturierten Entwurfsmustern sind eine notwendige Eigenschaft einer Entwurfsmuster-Sprache (design pattern language). Insbesondere HCI- Entwurfsmuster werden als außerordentlich hilfreich für die Gestaltung ubiquitärer Informationssysteme angesehen, da dadurch die Qualität der Interaktionen verbessert werden kann. Imtiaz und Raza haben in [Imtiaz & Raza 2013, S.23] einige Defizite existierender Entwurfsmuster-Ansätze identifiziert (z.B. Alexander und Borchers) und ziehen die Schlussfolgerung, dass es einen zunehmenden Bedarf an verständlichen und praktischen Entwurfsmustern geben wird, die auf die Anforderungen und Erwartungen von Endanwendern fokussieren. Die in dem EU-Forschungsprojekt VICON (www.vicon-project.eu) entwickelte Sammlung von 75 Entwurfsmustern für Hardware-Interaktionskomponenten berücksichtigt die oben genannte Prämisse der Einbeziehung der Nutzeranforderungen. In Abbildung 56 wird der Aufbau eines Entwurfsmusters für eine Hardware-Interaktionskomponente ersichtlich. Das Entwurfsmuster enthält als Titel die Gestaltungsempfehlung ergänzt durch eine Abbildung der Interaktionskomponente. Darunter befindet sich eine Erläuterung des Kontextes (context). Des Weiteren sind in dem Entwurfsmuster die Zugehörigkeit zu vordefinierten Nutzerprofilen (VI1, VI2, HI1, HI2) und die Relevanz zu den Plattformkomponenten (press button, turning knob) gefolgt von Problembeschreibung (problem) und Lösungsvorschlag (solution) enthalten.

Auditory and tactual feedback of successful key activation

RANKING: 3

CONTEXT

Profile: VI1,VI2,HI1,HI2

EnvRule: Component: turning knob, press button

PROBLEM

People with manual dexterity problems may have difficulty pressing buttons due to limited strength or limited mobility in hands or fingers. People with low vision may not be able to clearly see a visual change in a button that signifies that it has been successfully activated. Therefore it is not always obvious to a user when a key has been successfully operated and users may expend unnecessary energy pressing keys harder than is required or repeatedly pressing buttons that have shown no obvious sign of activation.

SOLUTION

There should therefore be auditory and tactual feedback of successful key activation. Auditory feedback in the form of sounds such as a 'beep' or 'click' when a key is pressed is helpful to many people and enhances feedback and subsequently performance. Tactile indication can be provided by a gradual increase in the force, followed by a sharp decrease in the force required to actuate the key, and a subsequent increase in force beyond this point for cushioning.

Abbildung 56: Beispiel eines Entwurfsmusters für Hardware-Interaktionskomponenten
[www.vicon-project.eu]

Die Entwurfsmuster für Plattformkomponenten mobiler Interaktionsgeräte können in Analogie zu den VICON Entwurfsmustern aufgebaut werden. Für jede Unterklasse bzw. Instanz des Plattformmodells wurde exemplarisch mindestens eine Interaktionskomponente ausgewählt und nach dem Vorbild eines HCI-Entwurfsmusters umgesetzt. Ergänzend werden die Informationen zu den Quellen mit aufgenommen. Exemplarisch für ein Head Mounted Display (Ausgabegerät), einer Tastatur (Eingabegerät), einer Festplatte (Leistungskonzept) und einer Identifikationstechnik (implizite Interaktion) sieht der Aufbau der zugehörigen Entwurfsmuster wie folgt aus:

Ausgabegerät visuell, Head Mounted Display

Bildquelle: http://www.flickr.com/photos/azugaldia/7457645618

PRIORITÄT: NIEDRIG

KONTEXT
Beschreibung eines visuellen Ausgabegerätes durch ein Head Mounted Display
Plattformkomponenten-ID: p_10

PROBLEM
Der Nutzer ist während der Ausführung seiner Tätigkeit auf beide Hände angewiesen und benötigt zusätzlich visuelle Informationen ohne seine Tätigkeit zu unterbrechen bzw. seine Aufmerksamkeit auf einem externen Bildschirm wendet.

LÖSUNG
Head Mounted Displays (HMD) sind Projektionseinheiten, bei denen die Projektion unmittelbar vor den Augen in einem Helm durch eine Videobrille erfolgt. Die HMD-Technik ist anderen Techniken dadurch überlegen, da sie auf den zwei kleinen Displays, die sich vor den Augen des Betrachters befinden, zwei Bilder mit geringfügig unterschiedlichem Blickwinkel projizieren kann. Dadurch können virtuelle dreidimensionale Projektionen erstellt werden. Als

Projektionstechniken benutzen professionelle HMDs OLED-Displays, LCD- oder LCoS-Displays im SVGA-Format. Neben der visuellen Darstellung haben HMDs Kopfhörer für Audio. Der Einsatzzweck von HMDs in Produktionsumgebungen liegt in Tätigkeiten, wo der Nutzer während der Ausführung seiner Tätigkeit auf visuelle Informationen angewiesen ist. Vor allem wenn der Nutzer beide Hände im Einsatz hat, und eine Unterbrechung seiner Tätigkeit durch die Aufnahme visueller Informationen durch ein externes Display unerwünscht ist, können HMDs ein geeignetes visuelles Ausgabegerät repräsentieren. HMDs haben sich in Kombination mit Eingabegeräte, wie Datenhandschuhe oder 3D Mäuse zur Steuerung von Applikationen bewährt. In intelligenten Produktionsumgebungen sind Szenarien, wo Nutzer auf in der Umgebung verteilten Informationen angewiesen sind, mittels Augmented Reality (erweiterte Realität) und halbdurchlässiger HMDs äußerst effiziente Ansätze um mobile Tätigkeiten zu unterstützen. Bei der Auswahl und Gestaltung von HMDs ist zwischen monokularen und binokularen (stereoskopischen) HMDs zu differenzieren. Während monokulare HMDs den Nutzer bei seiner Tätigkeit am wenigsten stören und unauffällig integrierbar sind, sind binokulare HMDs für mobile Tätigkeiten, wo der Nutzer in Bewegung ist, nicht geeignet. Unabhängig von der technischen Angemessenheit eines HMDs, sollte darauf geachtet werden, ob Sicherheitsrichtlinien vorliegen, die das Tragen von HMDs einschränken.

QUELLEN und STANDARDS
https://de.wikipedia.org/wiki/Head-Mounted_Display
http://www.davi.ws/avionics/TheAvionicsHandbook_Cap_5.pdf
http://www.itwissen.info/definition/lexikon/Datenhelm-HMD-head-mounted-display.html
Bundesanstalt für Arbeitsschutz und Arbeitsmedizin (BAuA): Datenbrillen - Aktueller Stand von Forschung und Umsetzung sowie zukünftiger Entwicklungsrichtungen (Tagungsband), 1. Auflage, Dortmund, 2012, ISBN 978-3-88261-146-5
http://www.baua.de/de/Publikationen/Fachbeitraege/Gd63.pdf?__blob=publicationFile&v=4

Eingabegerät haptisch, Tastatur

PRIORITÄT: HOCH

KONTEXT
Beschreibung eines haptischen Eingabegerätes einer Tastatur
Plattformkomponenten-ID: p_05

PROBLEM

Die Art der Nutzung oder Nutzerumgebung erfordert immer eine angepasste taktile Eingabefunktion, ansonsten können schnell Probleme bei der Dateneingabe oder sekundären Anforderungen auftreten. Hohe Beanspruchung, Eingaben unter besonderen Anwender- oder Umweltbedingungen (Schutzkleidung, Staub, Hygiene) sorgen bei falscher Wahl zu einer Untauglichkeit oder hohen Verschleiß des Eingabegerätes.

LÖSUNG

Bei dem Einsatz einer konventionellen Tastatur sollten die Tasten groß genug sein damit der Anwender möglichst ergonomisch Eingaben tätigen kann. Auch sollte die Beschriftung in kontraststarker und gut lesbarer Schrift aufgebracht sein. Für den Fall, dass sich das Anwendungsgebiet des Nutzers auch auf Einsätze bei schlechten Lichtverhältnissen erstreckt, sollte eine selbst- oder beleuchtete Tastatur zum Einsatz kommen. Je nach Anforderungen der Arbeitssituation können unterschiedliche Varianten von Tastaturen eingesetzt werden. In industriellen Arbeitsumgebungen können beispielsweise staubige Umgebungsbedingungen vorherrschen. Für diesen Fall sollten Industrietastaturen (z.B. Folientastaturen) eingesetzt werden, die sich durch robuste Eigenschaften auszeichnen, sowie Staub- und Spritzwassergeschützt sind. Bei einer starken mechanischen Beanspruchung der Tastatur kann es bei Folientastaturen leicht zu einem Folienbruch kommen. Außerdem ist die Ergonomie bei Folientastaturen nicht so hoch wie bei konventionellen Tastaturen. Die vollständige Integration einer Tastatur in die Arbeitskleidung des Nutzers kann mit flexiblen Tastaturen ermöglicht werden. Hat der Nutzer im Rahmen seiner Tätigkeit nur eine Hand frei um das Eingabegerät zu bedienen, dann kann eine Einhandtastatur eingesetzt werden. Es sollte jedoch bei der Auswahl einer geeigneten Tastatur berücksichtigt werden, ob der Anwender während der Dauer der Arbeitssituation Arbeitshandschuhe trägt. In diesem Fall wäre die Feinmotorik maßgeblich eingeschränkt. Die Bedienung der Tasten einer Tastatur ist mit Arbeitsschutzhandschuhen äußerst problematisch. Wenn der Nutzer ein Touchscreen als Eingabegerät zur Verfügung hat, dann können virtuelle Tastaturen eingesetzt werden. Dadurch könnte ein zusätzliches Hardware-Eingabegerät eingespart werden, und vollständig auf die Software ausgelagert werden. Der Einsatz einer virtuellen Tastatur sollte deshalb grundsätzlich mit dem Einsatz eines Touchscreens einhergehen. Eine Ausnahme stellt eine virtuelle Lichttastatur dar, wo sich das Tastatur Feld auf eine beliebige Oberfläche projizieren lässt. Jedoch unter direkter Sonneneinstrahlung kann von dieser Tastaturtechnik abgesehen werden. Nicht zu vernachlässigen ist der unverhältnismäßig hohe Energieverbrauch dieser Tastaturvariante.

QUELLEN und STANDARDS

http://www.cardiac-eu.org/guidelines/keys.htm
EBS100 V3 (October 2004) Keyboard Layout for ATM and POS PIN Entry Devices
DTR/HF 02009 (1996) Characteristics of telephone keypads.
EN 1332 Machine readable cards, related device interfaces and operations.

EN 29241 Ergonomic requirements for visual display terminals.

ES 201 381 (December 1998) Telecommunication keypads and keyboards: Tactile identifiers.

ETR 345 (Jan 1997) Characteristics of telephone keypads and keyboards; Requirements of elderly and disabled people.

ETSI DTR/HF 02009 (1996) Characteristics of telephone keypads.

ETSI TCR-TR 023 (1994) Assignment of alphabetic letters to digits on push button dialing keypads.

ETSI ES 201 381 (December 1998) Telecommunication keypads and keyboards: Tactile identifiers.

IEC 73 (1990) Colours of push buttons and their meanings.

ISO/CD 9355-1 (1999) Ergonomic requirements for the design of displays and control actuators. Part 1: Human interaction with displays.

ISO/IEC 9995 (1994) Information technology: Keyboard layouts for text and office systems.

ITU E161 Arrangements of figures, letters and symbols on telephones.

ITU-T E.902 (1995) Interactive services design guidelines. Part 3 Keypads. Part 4 Keyboard requirements.

TCR-TR 023 (1994) Assignment of alphabetic letters to digits on push button dialing keypads

Leistungskonzept, Festplatte

Bildquelle: http://blog.raxco.com/wp-content/uploads/2012/12/SSD-vs-HDD.jpg

PRIORITÄT: NIEDRIG

KONTEXT
Beschreibung eines Leistungskonzeptes einer Festplatte
Plattformkomponenten-ID: p_39

PROBLEM

Während der Durchführung einer Tätigkeit muss der Nutzer Daten lokal auf seinem Endgerät abspeichern bzw. zugreifen. ·

LÖSUNG

Erfordert die Arbeitssituation das Vorhalten großer Datenmengen, empfiehlt sich eine Festplatte, die besondere Eigenschaften erfüllt. Für schnelle Datenzugriffe und Schutz bei mechanischen Einwirkungen auf das Gerät, wie z.B. Vibrationen oder Stöße, sollte auf Flash-basierte Speichertypen zurückgegriffen werden. Im direkten Austausch von Festplatten können hier Solid State Drives (SSD) verwendet werden. Mit einer etwas geringeren Kapazität und Geschwindigkeit, aber bei einer sehr kleinen Baugröße, sind Flash-Speicherkarten zu empfehlen. Letztere sind allerdings nicht ohne weiteres im direkten Austausch mit Festplatten oder SSDs kompatibel, bzw. austauschbar. Wenn eine Netzwerkverbindung in das lokale Netzwerk oder Internet jederzeit gewährleistet werden kann, und ein niedriger Energieverbrauch nicht die höchste Priorität hat, kann auch zu einem Betrieb ohne jeden Speicher geraten werden. Hier überwiegen klar die Vorteile in physischer Datensicherheit und zentraler Administration der Daten.

QUELLEN und STANDARDS

http://static.googleusercontent.com/external_content/untrusted_dlcp/research.google.com/de//archive/disk_failures.pdf

http://scholar.google.com/scholar?q=hard+disk+drives&btnG=Senden&hl=de&as_sdt=0&as_vis=1

http://de.wikipedia.org/wiki/Solid-State-Drive

http://en.wikipedia.org/wiki/Hard_disk_drive

Implizite Interaktion, Identifikationstechniken

Bildquelle: http://en.wikipedia.org/wiki/File:RFID_Tags.jpg

PRIORITÄT: MITTEL

KONTEXT
Beschreibung der impliziten Interaktion mit einer Identifikationstechnik
Plattformkomponenten-ID: p_24, p_25

PROBLEM
Die nicht-automatische Identifikation und das Tracking von Gegenständen, Fahrzeuge, Produkte, und Werkzeuge sind sehr zeitintensiv, und führen unter Umständen zu einer Unterbrechung des Arbeitsprozesses.

LÖSUNG
Wenn im Rahmen der Arbeitssituation Objekte (z.B. Produkte, Betriebsmittel, Werkzeuge, etc.) eindeutig zu identifizieren sind, ist es zweckmäßig entsprechende Identifikationstechniken, wie etwa Barcodescanner, RFID Lesegeräte, oder Near Field Communication (NFC) als Funktionalität in das mobile Interaktionsgerät zu integrieren, oder als explizites Eingabegerät zu berücksichtigen. Es existieren verschiedene mobile, kompakte Lösungen, die sich über die integrierten Schnittstellen des mobilen Interaktionsgerätes anschließen lassen und den Nutzer in seiner Tätigkeit nicht behindern. Auch andere Anwendungen, wie die mobile Zutrittskontrolle lassen sich über Identifikationstechniken wie RFID und NFC realisieren. Die offensichtlichsten Vorteile des Einsatzes von RFID-Systemen waren bisher, dass kein Sichtkontakt zwischen Lesegerät und Transponder notwendig ist, dass sie wesentlich mehr Daten speichern und die Transponder mehrfach beschrieben werden können. Außerdem sind sie robuster als optische Code-Systeme. Für die Industrie werden die RFID-Frequenzen unterteilt in Low Frequency (LF), High Frequency (HF) und Ultra High Frequency (UHF). Darüber hinaus gibt es noch den Bereich der Mikrowellen mit Frequenzen über 2,45GHz, der in der Fahrzeug-Identifizierung Anwendung findet. Als Low Frequency zählt der Bereich zwischen 100 und 135kHz. Daran schließt sich der HF-Bereich zwischen 10 und 15MHz an. Der UHF-Bereich erstreckt sich üblicherweise von 865MHz bis 928MHz. Höheren Frequenzbereiche bieten in der Regel höhere Reichweiten. Daher ist die Auswahl der geeigneten Systeme u.a. von der Reichweite zwischen RFID-Tag und -Lesegerät abhängig. Während LF-Systeme recht

unempfindlich gegenüber Metall und rauen Temperaturen oder Luftfeuchtigkeit sind, erhöht sich bei HF-Systemen die Übertragungsgeschwindigkeit der passiven RFID-Systeme. Zwar haben UHF-Systeme höhere Herstellungskosten, aber auch eine hohe Reichweite und Übertragungsgeschwindigkeit. Inzwischen haben die Anbieter ihre Entwicklungen so weit vorangetrieben, dass RFID-Systeme Funktionen erschließen, die über die reine Erkennung und Rückverfolgung von Produkten hinausgehen. Denn inzwischen sind Lösungen verfügbar, die zusätzlich die Temperaturerfassung und die Datenübertragung ermöglichen und induktive Näherungsschalter mitbringen. Dadurch eröffnen sich ganz neue industrielle Anwendungsfelder, z.B. der Plagiatsschutz, der Werkzeugwechsel oder eine Temperaturerfassung über den gesamten Produktionsverlauf hinweg. Auch für die Bedienung von Maschinen ist die Transpondertechnologie wirkungsvoll. So lassen sich beispielsweise bei Simatic MobilePanels von Siemens Wirkbereiche definieren. Innerhalb dieser Bereiche wird das Gerät über Transponder identifiziert - das ermöglicht beispielsweise eine sichere Bedienung, die Zuordnung von Bedienbildern oder Bedienberechtigungen. Außerdem erhöht die Kombination mit drahtlosen Netzwerken die Transparenz in Produktionsprozessen. Die RFID-Technologie bietet für viele Anwendungen Innovationspotenzial - und erhöht die Effizienz, wie eine Wirtschaftlichkeitsbetrachtung zeigen kann.

QUELLEN und STANDARDS

http://www.rfid-loesungen.com/uhf-rfid-leser.htm
http://de.wikipedia.org/wiki/Near_Field_Communication
http://www.gs1.org/epcglobal
http://www.autoidlabs.org/
http://www.sps-magazin.de/?inc=artikel/article_show&nr=60190
http://www.cardiac-eu.org/guidelines/rfid.htm
http://www.rfidatlas.de
http://www.mrc-bremen.de/index.php?id=52
http://www.rfid-basis.de/rfid-anwendungen.html
http://de.wikipedia.org/wiki/RFID
http://www.etsi.org/
http://www.aimglobal.org/

Im ersten Schritt wurden 20 Entwurfsmuster umgesetzt, die auf den überarbeiteten Gestaltungsempfehlungen des Initialmodells basieren. Im Nachgang wurde ein automatischer Mechanismus in dem Modellierungswerkzeug integriert, der es ermöglicht aus jeder Gestaltungsempfehlung im Kontextmodell ein Entwurfsmuster automatisch zu generieren.

Die Entwurfsmuster können weiterhin nach ihrer Zugehörigkeit zu Unterklassen- und Instanzen gruppiert werden. Wenn für eine konfigurierte Arbeitssituation Entwurfsmuster unterschiedlicher Instanzen und Unterklassen vorgeschlagen werden, ist davon auszugehen, dass zwischen diesen Entwurfsmustern eine Relation existiert. Auf diese Weise gelingt es Relationen zwischen Entwurfsmustern herzustellen. Dieses ist die wesentliche Grundvoraussetzung einer Entwurfsmustersprache.

Ein weiterer Aspekt zu Gunsten einer Verfeinerung der Modellierungsmethode liegt in der Anforderung der Gewährleistung einer fortwährenden Aktualität der Gestaltungsempfehlungen. Hierzu sollte eine Technik bereitgestellt werden, um das Expertenwissen der Nutzer der Modellierungsmethode auf eine adäquate Weise einzufangen. Vor dem Hintergrund der Einführung von Entwurfsmustern ist die Option der Erstellung zusätzlicher Entwurfsmuster zweckmäßig. Das bedeutet, dass der Modellierer auf Grundlage eigener Erfahrungen und Expertise die Möglichkeit hat neue Entwurfsmuster zu erstellen. Diese können nachträglich in das Empfehlungsmodell und Plattformmodell mit aufgenommen werden. Gleichzeitig würde dieser Ansatz dem Kontextmodell dynamische Eigenschaften verleihen.

Wenn die oben beschriebenen Ansätze auf das Vorgehensmodell für die Gestaltungsmethode übertragen werden, würde dieses hinsichtlich einiger Vorgehensschritte erweitert werden. In Abbildung 57 ist das daraus folgende erweiterte Vorgehensmodell der Gestaltungsmethode dargestellt. Der Rahmen im unteren Teil des Vorgehensmodells hebt die erweiterten Funktionalitäten der Modellierungsmethode hervor.

Nachdem die textbasierten Gestaltungsempfehlungen und Plattformkomponenten dem Modellierer im Modellierungswerkzeug präsentiert werden, kann sich der Modellierer mittels der Funktion „Entwurfsmuster anzeigen" (vgl. Abbildung 55) das zugehörige HCI-Entwurfsmuster automatisch generieren lassen.

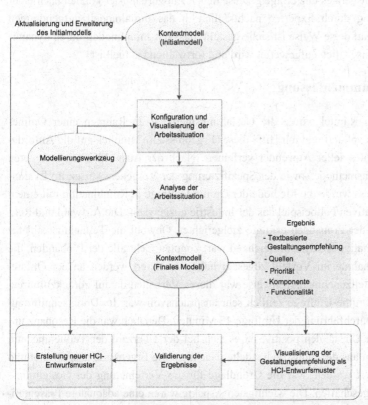

Abbildung 57: Erweitertes Vorgehensmodell der Gestaltungsmethode

Die Abbildungen der empfohlenen Interaktionskomponenten und die grundlegende Problembeschreibung können nicht unmittelbar aus dem Initialmodell abstrahiert werden. Diese Informationen können von dem Nutzer des Modellierungswerkzeuges manuell eingetragen werden. In diesem Fall wird das Entwurfsmuster um die fehlenden Informationen ergänzt und im Einklang mit dem Aufbau eines HCI-Entwurfsmusters gebracht. Optional können im Modellierungswerkzeug mit Hilfe der Funktion „HCI-Entwurfsmuster erstellen" (vgl. Abbildung 57) vollständig neue Entwurfsmuster erstellt werden. Hier wird der Nutzer aufgefordert Titel, Kontext, Problem, Lösung, Quellen und ein Bild des

Interaktionsgerätes einzutragen. Diese neuen Entwurfsmuster können nach einer Validierung durch Experten nachträglich in das Initialmodell aufgenommen werden. Auf diese Weise ist sichergestellt, dass das Initialmodell durch dynamische Eigenschaften aufgewertet wird und fortwährend aktuell ist.

6.9 Zusammenfassung

In diesem Kapitel wurde die Gestaltungsmethode im Rahmen einer Online-Umfrage evaluiert und mit Hilfe dieser Ergebnisse im Hinblick auf die Anforderungen potenzieller Anwender verfeinert. Nach der Auswahl einer geeigneten Evaluationsmethode sowie der Spezifizierung der Vorgehensweisen im Evaluationsprozess wurde die Methode der Online-Umfrage in Kombination mit einem repräsentativen Fallbeispiel aus der Industrie ausgewählt. Die Auswahl und Rekrutierung der Probanden erfolgte zielgerichtet. Obwohl die Teilnehmerzahl für eine qualitative Analyse hinreichend war, konnten nicht alle der Probanden, die eine Teilnahme im Vorfeld zugesagt hatten motiviert werden an der Online-Umfrage teilzunehmen. Teilweise war dieses Verhalten darauf zurückzuführen, dass die Online-Umfrage zeitlich sehr anspruchsvoll war. Im Durchschnitt dauerte die Durchführung der Umfrage 45 Minuten. Dennoch war die Resonanz unter diesen Umständen positiv, da es sich bei der Überzahl der Teilnehmer um Probanden aus der Industrie handelte. Nachdem die Ergebnisse ausgewertet und interpretiert wurden, war die Grundlage für die Verfeinerung der Gestaltungsmethode geschaffen. Die wichtigsten Aspekte waren eine adäquatere Präsentation der Gestaltungsempfehlungen und die fortwährende Gewährleistung der Aktualität der Empfehlungen. Um diesen Punkten auf angemessene Weise zu begegnen wurde vorgeschlagen Entwurfsmuster einzuführen, die sich vor allem durch eine anschauliche und standardisierte Aufbereitung der Gestaltungsempfehlungen auszeichnen. Zur Sicherstellung der Aktualität konnte ein Mechanismus in das Modellierungswerkzeug integriert werden, der es Produktentwicklern ermöglicht, neue Entwurfsmuster zu erstellen oder vorhandene zu überarbeiten. Im Nachgang können die Entwurfsmuster nach einer Qualitätskontrolle in das Modell einfließen. Das verleiht dem Modell gleichzeitig dynamische Eigenschaften. Letztendlich führte die Verfeinerung der Gestaltungsmethode zu einer Erweiterung des Vorgehensmodells. Dieses wurde am Ende dieses Kapitels dargestellt.

7 Zusammenfassung und Ausblick

7.1 Zusammenfassung

Die vorliegende Arbeit beschäftigt sich mit der Konzeption einer Gestaltungsmethode für physische Benutzungsschnittstellen, die in Anbetracht der Gestaltung mobiler Technologien für Produktionsumgebungen eine zunehmend bedeutende Rolle spielen. Die Einführung und die zugrunde liegende Problematik des Themenbereiches wurden in Kapitel 1 und 2 erörtert. In Kapitel 3 wurde auf den Stand der Forschung näher eingegangen, wobei ausgewählte Methoden zur Gestaltung mobiler Interaktionsgeräte analysiert und qualitativ bewertet wurden. Das Ziel, Defizite und Lücken bestehender Gestaltungsansätze zu identifizieren konnte erfüllt werden. Dies diente als Grundlage für die Entwicklung des Hauptteils dieser Arbeit. Ausgehend von abgeleiteten Anforderungen, wurde die Gestaltungsmethode erarbeitet. Das Ergebnis stellt ein Vorgehensmodell dar, dass neben der Festlegung des Ziels, des Umfangs und der Struktur der zu erstellenden Modelle sowie geeigneter Modellierungsprinzipien, die modellierungsbezogenen Aufgaben zur Gestaltung mobiler Interaktionsgeräte identifiziert, klassifiziert und beschreibt. Dies diente als Voraussetzung für die prototypische Implementierung der Methode. Dadurch war es möglich, die Implementierung eines Kontextmodells und die technische Realisierung eines Modellierungswerkzeuges als wesentlicher Bestandteil der Gestaltungsmethode zu realisieren. Das Modellierungswerkzeug ermöglich durch die Konfiguration von Arbeitssituationen mittels eines Modellierungswerkzeuges und einer Reasoning-Technik die Erzeugung von textbasierten Gestaltungsempfehlungen in Bezug zu relevanten Plattformkomponenten, Quellen, und Prioritäten für mobile Interaktionsgeräte. Die Klassifikation der Gestaltungsempfehlungen nach ihrer Wichtigkeit (Prioritäten) im Modellierungswerkzug war notwendig um die Relevanz zu der Arbeitssituation hervorzuheben. In der prototypischen Version werden neben den Gestaltungsempfehlungen, die in einer engen Beziehung zu der Arbeitssituation stehen, auch diejenigen Empfehlungen angezeigt, die nicht explizit ausgeschlossen sind. Der Nutzer des Modellierungswerkzeuges ist mit einer unter Umständen langen Liste von Empfehlungen konfrontiert, die einer

Priorisierung durch den Nutzer unterzogen werden müssten. Im Gegensatz zu der ersten prototypischen Version des Modellierungswerkzeuges, wurde die Priorisierung der Gestaltungsempfehlungen überarbeitet und nach den Kriterien „hohe Priorität", „mittlere Priorität", „niedrige Priorität" umgesetzt. Die Einordnung der Gestaltungsempfehlungen nach Prioritäten folgt in der Arbeit einem statischen Ansatz. Die Prioritäten der Empfehlungen für jede Arbeitssituation werden nicht neu ermittelt. Vielmehr sind diese in Anlehnung an die Häufigkeit und Relevanz in der Praxis eingesetzter Technologien im Kontextmodell vordefiniert. Um die Prioritäten während der Modellierung dynamisch zuzuordnen wäre es denkbar einen intelligenten Algorithmus einzusetzen, der es ermöglicht zwischen den relevanten und optionalen Empfehlungen zu differenzieren.

In Kapitel 6 wurde die Gestaltungsmethode anhand der Anwendung des entwickelten prototypischen Modellierungswerkzeuges evaluiert. Eine Online-Umfrage in Kombination mit der Aufforderung ein repräsentatives Fallbeispiel zu konfigurieren diente dazu, qualitatives Feedback von ausgewählten Industrieunternehmen einzufangen. Die Ergebnisse der Evaluation führten zu einer Verfeinerung der Modellierungsmethode, indem die Präsentation der Gestaltungsempfehlungen im Modellierungswerkezug überarbreitet wurde. Um diesen Punkten auf angemessene Weise zu begegnen, wurde vorgeschlagen Entwurfsmuster (design patterns) einzuführen, die sich vor allem durch eine anschauliche und standardisierte Aufbereitung der Gestaltungsempfehlungen auszeichnen. Zur Sicherstellung der Aktualität konnte ein Mechanismus in das Modellierungswerkzeug integriert werden, der es Produktentwicklern ermöglicht neue Entwurfsmuster zu erstellen oder vorhandene zu überarbeiten. Im Nachgang können die Entwurfsmuster nach einer Qualitätskontrolle in das Kontextmodell einfließen. Dies verleiht dem Modell dynamische Eigenschaften. Als qualitätssichernde Maßnahme ist die Begutachtung der Entwurfsmuster von einem Expertenteam denkbar. Die Nutzung von Entwurfsmustern für die Aufrechterhaltung der Aktualität der Gestaltungsempfehlungen unterstreicht die zusätzlichen Vorteile, die sich aus diesem Ansatz ergeben. Ferner können durch die Möglichkeit der Erstellung neuer Entwurfsmuster die Gestaltungsempfehlungen einfacher ausgebaut. Letztendlich führte diese Verfeinerung des Modellierungswerkzeuges zu einer Erweiterung des Vorgehensmodells. Dieses wurde am Ende des letzten Kapitels in Abbildung 57 dargestellt.

Ein weiterer Aspekt, der im Kontext der Visualisierung der Gestaltungsempfehlungen aufgefallen ist, sind die Auswirkungen der Empfehlungen auf das gesamte Produktkonzept bei der gleichzeitigen Implementierung mehrerer Gestaltungsempfehlungen. So könnte sich die Umsetzung einer quantitativen Gestaltungsempfehlung negativ auf die Auslegung anderer Interaktionskomponenten auswirken. Beispielsweise kann eine Empfehlung von einem diskreten Abstand zwischen den Tasten einer Tastatur dazu führen, dass die Anordnung anderer Interaktionselemente in unmittelbarer Nähe beeinflusst wird. Aller Voraussicht nach würden neue Probleme bezüglich der Bedienbarkeit des mobilen Interaktionsgerätes geschaffen werden. Um diesen Effekt zu minimieren ist es notwendig, die kontextuellen Beziehungen zwischen einzelnen Gestaltungsempfehlungen näher zu untersuchen. Dieser Schritt entspricht dem Hauptmerkmal einer Entwurfsmuster-Sprache (design pattern language). Folglich stellt die Konzeption einer Entwurfsmuster-Sprache für mobile Interaktionsgeräte für den Einsatz in intelligenten Produktionsumgebungen einen maßgeblichen Beitrag zum Fortschritt von Entwurfsmuster-Sprachen dar. Die Notwendigkeit der Entwicklung einer Entwurfsmuster-Sprache ist bei qualitativen Gestaltungsempfehlungen aufgrund des breiteren Gestaltungsspielraumes weniger gegeben. Während sich qualitative Empfehlungen für die Entwicklung neuer Produktkonzepte noch nicht existierender mobiler Interaktionsgeräte eignen, kommen quantitative Empfehlungen vielmehr für die Überarbeitung oder Anpassung bereits existierender Produktkonzepte in Frage. Aus diesem Grunde ist es empfehlenswert eine Ausgewogenheit zwischen qualitativen und quantitativen Empfehlungen herzustellen.

Zielführend im Hinblick auf eine weiterführende Evaluation wäre beispielsweise die Umsetzung von funktionalen Prototypen basierend auf den Gestaltungsempfehlungen der Modellierungsmethode und diese mit den Zielgruppen der Nutzer mobiler Interaktionsgeräte zu evaluieren. Auf diese Weise könnte verifiziert werden ob die Interaktionskonzepte der mobilen Interaktionsgeräte vollständig kompatibel zu den Tätigkeiten der Nutzer sind.

7.2 Ausblick

In dieser Arbeit lag der Fokus auf der frühen Gestaltungsphase von mobilen Interaktionsgeräten. Nachfolgende Phasen, wie etwa die Entwurfsphase, in der 3D-Produktdatenmodelle der mobilen Interaktionsgeräte umgesetzt werden sowie die virtuelle Evaluation dieser Modelle sollten in Zukunft ebenso mit mindestens gleicher Priorität wie die frühe Konzeption behandelt werden. Jenseits der Gestaltungsphase, besitzt das entwickelte Kontextmodell das Potenzial in CAD-Anwendungen integriert zu werden. Der Vorteil dieser Möglichkeit liegt in der Realisierung einer Annotation zu vorhandenen 3D Konzeptentwürfen von Produktdatenmodellen. Im EU-Forschungsprojekt VICON (www.vicon-project .eu) wurden bereits prototypische Ansätze entwickelt um eine Annotation von Produktdatenmodellen mit Gestaltungsempfehlungen aus der frühen Entwurfsphase zu integrieren. Dieser Mechanismus konnte anhand von quantitativen Gestaltungsempfehlungen bei den Produktenwürfen von Mobiltelefonen und Waschautomaten demonstriert werden. Um in Zukunft eine Integration der Modellierungsmethode in die Konstruktionsphase zu ermöglichen, könnten die Ergebnisse des VICON Projektes hierfür effektiv genutzt werden.

Die Herausforderungen in den frühen Gestaltungsphasen der Produktentwicklung sind noch nicht vollständig ausgeschöpft. Insbesondere vor dem Hintergrund, dass sich intelligente Produktionsumgebungen in Zukunft in einer rasanten Geschwindigkeit etablieren werden, wird der Bedarf anspruchsvoller mobiler Interaktionsgeräte zur Interaktion mit in der Umgebung verteilten Informationen stetig zunehmen. Folglich werden Methoden und Werkzeuge, die den Kontext im Produktentwicklungsprozess mit einbeziehen, in allen Phasen der Produktentwicklung eine maßgebliche Rolle spielen. Es sollte darauf geachtet werden, dass unterstützende Methoden und Werkzeuge in die existierenden Entwicklungsprozesse nahtlos integriert werden können. Es werden vor allem die Methoden und Werkzeuge mit den geringsten nachteiligen Auswirkungen auf die vorhandenen Entwicklungsprozesse sein, die das Potenzial haben, von produktentwickelnden Unternehmen langfristig angenommen zu werden.

Es ist darüber hinaus zu erwarten, dass Software- und Hardware Benutzungsschnittstellen in Zukunft konvergieren. Ein gutes Beispiel sind Touchscreens: Hardware- und Softwareaspekte sind hier unmittelbar miteinander verwoben. Gestaltungsmethoden müssen diese beiden Entwicklungsstränge gleichermaßen berücksichtigen. Daneben werden vor dem Hintergrund einer stetigen Weiterentwicklung mobiler Interaktionsgeräte adaptive Hardwarekonzepte eine zunehmend wichtigere Rolle in intelligenten Produktionsumgebungen spielen. Konzerne wie Microsoft erforschen bereits seit mehreren Jahren Konzepte adaptiver Hardware wie z.B. Tastaturen deren Tastenbeschriftung sich mit Hilfe von LEDs kontextabhängig ändert. Das „Dynamic Physical Rendering Project" (DPR) von Intel Research Pittsburgh, das die Formanpassung von Materialien erforscht, fokussiert auf einem Konzept vieler kleiner miteinander kommunizierender und sich in der Lage verändernder Komponenten. Es ist anzunehmen, dass eine adaptive Benutzungsschnittstelle grundsätzlich in der Lage ist, ein breiteres Spektrum von Situationen abzudecken als es mit diskreten mobilen Interaktionsgeräten möglich ist. Dadurch eröffnen sich völlig neue Anforderungen und Möglichkeiten in der Benutzungsschnittstellengestaltung. Die Herausforderung wird weniger darin bestehen Relationen zwischen Interaktionskonzepten und Arbeitssituationen herzustellen. Vielmehr wird es darum gehen das Spektrum der Konfigurationsmöglichkeiten adaptiver Interaktionsgeräte für verschiedene Arbeitssituationen zu erschließen. Vor dem Hintergrund der „vierten industriellen Revolution" (Industrie 4.0) bestehe Grund zur Annahme, dass sich adaptive Hardwarekonzepte in Produktionsumgebungen etablieren könnten. Diese Tendenz würde neue Paradigmen in der Produktgestaltung stimulieren, die das Potenzial haben, die Grenzen zwischen dem Gestaltungsprozess und des gestalteten Produktes aufzulösen.

8 Literaturverzeichnis

Agar, J., 2013. Constant touch: A global history of the mobile phone, Icon Books, Limited.

Alexander, C., 1964. Notes on the Synthesis of Form, Harvard University Press.

Bauer, M., 2003. Grundlagen ubiquitärer Systeme und deren Anwendungen in der „Smart Factory". Industriemanagement - Zeitschrift für den industriellen Geschäftsprozess, 19, S. 17–20.

Baumgartner, P., 1997. Didaktische Anforderungen an (multimediale) Lernsoftware. KLIMSA, Paul (Hrsg.): Information und Lernen mit Multimedia. Weinheim: Psychologie-Verlags-Union, 2, S. 241–252.

Balzert, H., 1996. Lehrbuch der Softwaretechnik. Software Entwicklung, Heidelberg: Spektrum Akad.

Becker, J., Rosemann, M. & Schütte, R., 1995. Grundsätze ordnungsmäßiger Modellierung. Wirtschaftsinformatik, 37, S. 435–445.

Beigl, P., Schneider, F. & Salhofer, S., 2012. Takeback systems for mobile phones: review and recommendations. Proceedings of the ICE-Waste and Resource Management, 165(1), S. 25–35.

Belotti, V.; Back, M.; Edwards, W.K.; Grinter, E.; Hendersen, A.; Lopes, C.: "Making Sense of Sensing Systems: Five questions for designers and researchers." CHI02. Minneapolis, 2002.

Berekoven, L., Eckert, W. & Ellenrieder, P., 2006. Marktforschung: methodische Grundlagen und praktische Anwendung, Springer.

Berger, M., Müller, J. & Seitz, C., 2005. Multiagenten-Technologien für Ambient Intelligence. S. 13–19.

Bernsen, N.O., 1994. Modality Theory in Support of Multimodal Interface Design. In P. of the A. A. of A. I. (AAAI), hrsg. Spring Symposium on Intelligent Multimedia Multi Modal Systems. S. 37–44.

Beyer, H. & Holtzblatt, K., 1998. Contextual Design: A Customer-Centred Approach to Systems Design (Interactive Technologies), Morgan Kaufman Publishers.

Birkhahn, C., 2007. Smart Production Systems (Dissertation). Heidelberg: Technische Universität Kaiserslautern.

Bomsdorf, B., 1999. Ein kohärenter, integrativer Modellrahmen zur aufgabenbasierten Entwicklung interaktiver Systeme. Universität Paderborn.

Borchers, J.O., 2008. A pattern approach to interaction design. Cognition, Communication and Interaction, S. 114–131.

Bürgy, C. & Garett, J., 2002. Situation Aware Interface Design: An Interaction Constraints Model for Finding the Right Interaction for Mobile and Wearable Computer Systems. In 19th International Symposium on Automation and Robotics in Construction, S. 563–568.

Bürgy, C. & Garrett, J., 2003. Situation-aware interface design: an interaction constraints model for finding the right interaction for mobile and wearable computer systems. NIST SPECIAL PUBLICATION SP, S. 563–568.

Buxton, B., 2010. Sketching User Experiences: Getting the Design Right and the Right Design: Getting the Design Right and the Right Design, Morgan Kaufmann.

Champoux, B. & Subramanian, S., 2004. A Design Approach For Tangible User Interfaces. AJIS Special Issue, S. 36–51.

Chang, A. & Ishii, H., 2006. Sensorial Interfaces. In DIS 2006. ACM, S. 50–59.

Chen, G. & Kotz, D., 2000. A survey of context-aware mobile computing research, Technical Report TR2000-381, Dept. of Computer Science, Dartmouth College.

Clarkson, P.J. u. a., 2007. Inclusive design toolkit, Engineering Design Centre, University of Cambridge, UK.

Clegg, D. & Barker, R., 1994. Case Method Fast-Track: A Rad Approach, Boston, MA, USA: Addison-Wesley Longman Publishing Co., Inc.

Clerckx, T., Luyten, K. & Coninx, K., 2004. The Mapping Problem Back and Forth: Customizing Dynamic Models while preserving Consistency. TAMODIA'04, S. 33–42.

Clerckx, T., Luyten, K. & Coninx, K., 2005. Tool Support for Designing Context Sensitive User Interfaces Using a Model-based Approach. In P. of the 4th international workshop on T. models and diagrams, hrsg. 4th international workshop on Task models and diagrams. ACM International Conference Proceedings Series, S. 11–17.

Davidoff, S., 2005. Can early stage tools and techniques for itertive design help researhers understand a problem space? In H. W. Gellersen, hrsg. 3rd International Conference on Pervasice Comuputing - Pervasive 2005. Springer LNCS, S. 347.

Demeure, A. u. a., 2005. A Reference Model for distributed User Interfaces. In P. of the 4th international workshop on T. models and diagrams, hrsg. 4th international workshop on Task models and diagrams. ACM International Conference Proceeding Series, S.79–86.

Dey, A., 1999. Towards a better understanding of context and context-awareness. In 1st International Symposium in Handheld and Ubiquitous Computing. Proceedings of 1st International Symposium in Handheld and Ubiquitous Computing, S. 304–307.

DIN Deutsches Institut für Normung e.V. hrsg., 2003. DIN 31051: 2003-06 Grundlagen der Instandhaltung.

DIN Deutsches Institut für Normung e.V. hrsg., 2010. DIN EN 13306 Begriffe der Instandhaltung.

Fettke, P. & Loos, P., 2002. Methoden zur Wiederverwendung von Referenzmodellen–
Übersicht und Taxonomie. In Referenzmodellierung. S. 9–33.

Fleisch, E. & Mattern, 2005. Das Internet der Dinge–Ubiquitous Computing und RFID in der
Praxis. Springer.

Florins, M. & Vanderdonckt, J., 2004. Graceful Degradation of User Interfaces as a Method
for Multiplatform Systems. IUI04, S. 14–47.

Frommann, U., 2005. Die Methode „Lautes Denken ".

Furtado, E. u. a., 2001. An Ontology-based Method for Universal Design of User Interfaces.

Gedik, N. u. a., 2012. Key instructional design issues in a cellular phone-based mobile learn-
ing project. Computers & Education, 58(4), S. 1149–1159.

Harris, L.R. & Brown, G.T.L., 2010. Mixing interview and questionnaire methods: Practical
problems in aligning data. Practical Assessment Research & Evaluation, 15(1).

Hars, A., 1994a. Rahmenbedingungen für die Nutzung von Referenzdatenmodellen. In Refe-
renzdatenmodelle. Springer, S. 6–40.

Hars, A., 1994b. Vorgehensweise zur Anpassung von Referenzdatenmodellen. In Referenzda-
tenmodelle. Springer, S. 129–231.

Hinckley, K., 2003. Input Technologies and Techniques. In J. Jacko, hrsg. The Human-
Computer Interaction Handbook. New Jersey: Erlbaum, S. 151–165.

Holman, D. u. a., 2013. The Design of Organic User Interfaces: Shape, Sketching and Hyper-
context. Interacting with Computers, 25(2), S. 133–142.

Holton, R., 2000. Entwicklung einer Modellierungstechnik für Data Warehouse Fachkonzep-
te. 5.10, S. 3–21.

Hull, R., 1997. Towards Situated Computing. In International Symposium on Wearable Computers. S. 146–153.

Imtiaz, S. & Raza, A., 2013. User Centered Design Patterns and Related Issues–A Review.
International Journal of Human Computer Interaction (IJHCI), 4(1), S. 19.

Ishii, H. & Ullmer, B., 1997. Tangible Bits: Towards Seamless Interfaces between People,
Bits, and Atoms. In Conference on Human Factors in Computing Systems (CHI '97).
ACM Press, S. 234–241.

Jacob, R., 2003. Computers in Human-Computer Interaction. In J. Jacko, hrsg. The Human-
Computer Interaction Handbook. Mahwah, New Jersey: Erlbaum, S. 147–150.

John, H., 2000. Modellierungstechnik zur Integration von Prozesswissen in ein Produktmodell, Shaker Verlag.

Karat, C.-M., Vergo, J. & Nahamo, J., 2003. Conversional Interface Technologies. In The Human Computer Interaction Handbook. Mahwah, NJ: Erlbaum, S. 169–186.

Kirisci, P., Kluge, E.M., u. a., 2011. Design of Wearable Computing Systems for Future Industrial Environments. In Handbook of Research on Mobility and Computing: Evolving Technologies and Ubiquitous Impacts and Computing. IGI Global, S. 1226–1246.

Kirisci, P. T.; Thoben, K.-D.; Klein, P.; Hilbig, M.; Modzelewski, M.; Lawo, M.; Fennell, A.; O'Connor, J.; Fiddian, T.; Mohamad, Y.; Klann, M.; Bergdahl, T.; Gökmen, H.; Klein, E., 2012. Supporting inclusive design of mobile devices with a context model. In: Karahoca, A. (Ed.): Advances and Applications in Mobile Computing, INTECH, ISBN 978-953-51-0432-2, S. 65–68.

Kirisci, P., Klein, P., u. a., 2011. Supporting Inclusive Design of User Interfaces with a Virtual User Model. In C. Stephanidis, hrsg. Universal Access in Human-Computer Interaction. Users Diversity. Lecture Notes in Computer Science. Springer Berlin / Heidelberg, S. 69–78.

Kirisci, P. & Kluge, E.M., 2006. Der Einsatz von Wearable Computing im industriellen Kontext. ITG-Fachbericht-Mobilfunk.

Kirisci, P.; Thoben, K.-D. 2008. The Role of Context in Wearable Computing In: Cunliffe, D. (Ed.): Proceedings of the 3rd International Conference on Human-Computer Interaction (IAESTED HCI 2008), Innsbruck, ACTA Press, ISBN 978-0-88986, S. 248–253.

Kirisci, P.T. & Thoben, K.-D., 2009. Vergleich von Methoden für die Gestaltung Mobiler Endgeräte A Comparison of Methods for the Design of Mobile Devices. i-com, 8(1), S. 52–59.

Klug, T., 2008. Prozessunterstützung für den Entwurf von Wearable-Computing-Systemen. TU Darmstadt.

Klug, T. & Mühlhäuser, M., 2007. Modeling human interaction resources to support the design of wearable multimodal systems. In Proceedings of the 9th international conference on Multimodal interfaces. S. 299–306.

Kromidas, S., 2009. Handbuch Validierung in der Analytik, Wiley-Vch.

Kromidas, S., 2011. Validierung in der Analytik, VCH.

Kromrey, H., 2001. Evaluation–ein vielschichtiges Konzept. Begriff und Methodik von Evaluierung und Evaluationsforschung. Empfehlungen für die Praxis. Sozialwissenschaften und Berufspraxis, 24(2), S. 105–131.

Landay, J.A. & Borriello, G., 2003. Design patterns for ubiquitous computing. Computer, 36(8), S. 93–95.

Leichtenstern, K., André, E. & Rehm, M., 2011. Tool-Supported User-Centred Prototyping of Mobile Applications. International Journal of Handheld Computing Research (IJHCR), 2(3), S. 1–21.

Ljungblad, S. & Holmquist, L.E., 2007. Transfer Scenarios: Grounding Innovation with Marginal Practices. In CHI07. ACM, S. 737–746.

Lucke, D., Constantinescu, C. & Westkämper, E., 2008. Smart factory-a step towards the next generation of manufacturing. Manufacturing Systems and Technologies for the New Frontier, S. 115–118.

Lucke, D. & Wieland, M., 2007. Umfassendes Kontextdatenmodell der Smart Factory als Basis für kontextbezogene Workflow-Anwendungen. Küpper, Axel (Hrsg.), S. 47–51.

Lumsden, J., 2005. Guidelines for the Design of Online-Questionnaires.

Luyten, K., 2005. Task Modeling for Ambient Intelligent Environments: Design Supprot for Situated Task Executions. In TAMODIA 2005. ACM, S. 87-94.

Martikainen, A., 2002. User Interface Modelling for Mobile Environments. In University of Helsinki, Dept. of Computer Science.

Mattern, F., 2010. Vom Internet der Computer zum Internet der Dinge. Informatik Spektrum, 33, S. 103–238.

Maurtua, I. u. a., 2007. A Wearable Computing Prototype for supporting training activities in Automotive Production. In Applied Wearable Computing (IFAWC), 2007 4th International Forum on Wearable Computing. S. 1–12.

Mohamad, Y. & Kouroupetroglou, C., 2012. User modelling - Research and Development Working Group Wiki.

Müller, J., 1990. Arbeitsmethoden der Technikwissenschaften, Springer Berlin.

Norman, D.A., 1990. The Design of Everyday Things, New York: B&T.

Park, Y.S. & Han, S.H., 2010. Touch key design for one-handed thumb interaction with a mobile phone: Effects of touch key size and touch key location. International journal of industrial ergonomics, 40(1), S. 68–76.

Pohlmann, E., 2005. Die intelligente Fabrik der Zukunft. S. 3.

Al-Razgan, M.S. u. a., 2012. Touch-Based mobile phone interface guidelines and design recommendations for elderly people: a survey of the literature. In Neural Information Processing. S. 568–574.

Reponen, E. & Mihalic, K., 2006. Model of Primary and Secondary Context. In AVI06. S.37–38.

Rhodes, B.J., 1997. The wearable remembrance agent: A system for augmented memory. Personal and Ubiquitous Computing, 1(4), S.218–224.

Riehle, D. & Züllighoven, H., 1996. Understanding and using patterns in software development. TAPOS, 2(1), S. 3–13.

Romeo, C., Weeks, D. & Goodman, D., 2003. Perceptual-Motor Interaction: Some Implications for Human-Computer Interaction. In The Human-Computer Interaction Handbook. Mahwah, NJ: Erlbaum, S. 24–34.

Rosemann, M. & Schütte, R., 1997. Grundsätze ordnungsmäßiger Referenzmodellierung. Entwicklungsstand und Entwicklungsperspektiven der Referenzmodellierung, 32, S. 16–33.

Rügge, I., 2007. Mobile solutions: Einsatzpotenziale, Nutzungsprobleme und Lösungsansätze (Dissertation). Deutscher Universitätsverlag. ISBN: 978-3-8350-5461-5.

Ryll, F. & Freund, C., 2010. Grundlagen der Instandhaltung. Instandhaltung technischer Systeme, S. 23–101.

Savadis, A., Akoumianakis, D. & Stephanidis, C., 2001. The Unified User Interface Design Method. User Interfaces for All: Concepts, Methods, and Tools. In Mahwah, New Jersey: Laurence Erlbaum Associates, S. 417–440.

Scheer, R., 1985. GAP, Praxisgerechtes Arbeiten in pharmazeutisch-analytischen Laboratorien. Hrsg. von G. Dertinger, H. Gänshirt u. M. Steinigen. Wiss. Verlagsges. mbH, Stuttgart 1984. S. 123

Schilit, B., Adams, N. & Want, R., 1994. Context-aware computing applications. In Mobile Computing Systems and Applications, 1994. WMCSA 1994. First Workshop on. S. 85–90.

Schmidt, A., Beigl, M. & Gellersen, H.-W., 1999. There is more to context than location. Computers & Graphics, 23(6), S. 893–901.

Shneiderman, B. & Ben, S., 1998. Designing the user interface, Pearson Education India.

Shneiderman, S.B. & Plaisant, C., 2005. Designing the user interface 4th edition, Pearson Addison Wesley, USA.

Sieworek, D. & Smailagic, A., 2003. User-Centred Interdisciplinary Design of Wearable Computrers. In The Human Computer Interaction Handbook. New Jersey: Erlbaum, S. 635–655.

Sieworek, D., Smailagic, A. & Salber, D., 2001. Rapid Prototyping of Computer Systems: Experiences and Lessons. In 12th International Workshop on Rapid System Prototyping. S. 2.

Smailagic, A. & Siewiorek, D., 1999. User-centered interdisciplinary concurrent system design. IBM Systems Journal.

Tergan, S.-O., 2000. Grundlagen der Evaluation: ein Überblick. Qualitätsbeurteilung multimedialer Lern- und Informationssysteme –Evaluationsmethoden auf dem Prüfstand. Nürnberg.

Thomas, O., 2006. Das Referenzmodellverständnis in der Wirtschaftsinformatik: Historie, Literaturanalyse und Begriffsexplikation, Institut für Wirtschaftsinformatik (iwi) im DFKI.

Van der Veer, G.C., 1989. Individual differences and the user interface. Ergonomics, 32, S. 1431–1449.

Viseu, A., 2003. Social dimensions of wearable computers: an overview. Technoetic Arts, 1(1), S. 77–82.

wearIT@work, 2006. Deliverable D24: wearIT@work First phase – An activity report on social impacts and Deliverable D41: Industrial application space of wearable computing. (EC IP 004216-2004)

Weber, F., 2007. Formale Interaktionsanalyse (Dissertation). Mainz.ISBN: 978-3-86130-530-9

Westkämper, E. & Jendoubi, L., 2003. Smart factories - manufacturing environments and systems of the future. In H. Bley, hrsg. 36th CIRP International Seminar on Manufacturing Systems. S. 13–16.

Westkämper, E. u. a., 2013. Digitale Produktion, Springer-Verlag.

Wittenberg, C., 2004. Benutzeranforderungen für den Einsatz von mobilen Endgeräten in der Industrieautomatisierung (User Requirements for the Use of Mobile Devices in the Industrial Automation). at–Automatisierungstechnik/Methoden und Anwendungen der Steuerungs-, Regelungs-und Informationstechnik, 52(3/2004), S. 136–146.

Wolfgang, P., 1994. Design patterns for object-oriented software development, Reading, Mass.: Addison-Wesley.

Zängler, T.W., 2000. Mikroanalyse des Mobilitätsverhaltens in Alltag und Freizeit, Berlin: Springer.

9 Glossar

Accessibility Guideline

Empfehlungen zur barrierefreien Gestaltung von Produkten und Diensten. Produkte und Dienste, die diesen Richtlinien entsprechen, sind auch für Menschen mit sensorischen und motorischen Einschränkungen zugänglich.

Apache Jena Framework

Ein in Java geschriebenes Open Source Framework für Semantische Netze

Benutzungsschnittstelle

Alle Bestandteile eines interaktiven Systems (Software oder Hardware), die Informationen und Steuerelemente zur Verfügung stellen, die für den Benutzer notwendig sind, um eine bestimmte Arbeitsaufgabe mit dem interaktiven System zu erledigen.

CAD

Computer Aided Design

Contextual Design (CD)

Ein von Hugh Beyer und Karen Holtzblatt entwickelter Gestaltungsansatz, wo die Anforderungen der BenutzerInnen im Vordergrund stehen. Contextual Design beinhaltet die Anwendung ethnografischer Methoden und rationaler Worklflows zur Gestaltung von Mensch-Maschine Benutzungsschnittstellen.

Context-Aware Mobile Computing

Kontextorientierte mobile Datenverarbeitung

Constraint-Based-Reasoning

Ein Lösungsansatz aus dem Bereich der Informatik auf Grundlage von Schlussfolgerungen. Dabei wird das zu lösende Problem unter den Bedingungen einer Hypothese und Folgerungseinschränkungen (conclusion constraints) modelliert und mit Hilfe der Erfüllung der Einschränkungen (constraints satisfaction) gelöst.

Dateneigenschaft

Die Dateneigenschaft beschreibt Eigenschaften von Daten mit Werten. Diese Merkmale werden genutzt, um Parameter oder Zustände von Objekten oder Relationen zu anderen Objekten zu beschreiben.

Datenverknüpfung	Eine Datenverknüpfung beschreibt die Verknüpfung zwischen Klassen innerhalb einer Ontologie.
Design Pattern	Design Patterns (Entwurfsmuster) sind bewährte Lösungsschablonen für wiederkehrende Entwurfsprobleme sowohl in der Architektur als auch in der Softwarearchitektur und -entwicklung. Sie stellen damit eine wiederverwendbare Vorlage zur Problemlösung dar, die in einem bestimmten Zusammenhang einsetzbar ist. Der Begriff wurde erstmals durch Christopher Alexander geprägt.
Design Pattern Language	Eine Design Pattern Language (Entwurfsmustersprache oder Mustersprache) ist eine Sammlung von Entwurfsmustern (design patterns), die bei gestalterischen Tätigkeiten in einem bestimmten Anwendungsgebiet auftreten. Dabei wird eine einheitliche Sprache aus Namen für Probleme und deren Lösungen definiert, um die Kommunikation zwischen Entwicklern zu erleichtern. Vorteil einer Entwurfsmustersprache ist vor allem, dass unerfahrenen Entwicklern Problemlösungen für typische, immer wiederkehrende Entwurfprobleme geboten werden und dadurch von Erfahrungen anderer profitiert werden kann.
Device Model	Gerätemodell in der Benutzungsschnittstellenentwicklung
Disjunktion	Oder-Verknüpfung
DIN EN ISO 9241-210:2011	Die EN ISO 9241 (Ergonomie der Mensch-System-Interaktion) ist ein internationaler Standard, der Richtlinien der Mensch-Computer-Interaktion beschreibt.
DIN 31051: 2012-09	Die DIN-Norm DIN 31051:2012-09 (Grundlagen der Instandhaltung) strukturiert die Instandhaltung in die vier Grundmaßnahmen Wartung, Inspektion, Instandsetzung, Verbesserung.

ERP	Enterprise Resource Planning
Fitness-of-use	Theorie der Gestaltung zur Verknüpfung von Form und Kontext. Die Theorie wurde ursprünglich von Christopher Alexander im Jahre 1964 entwickelt und wurde auf die Domäne der Architektur angewendet. In dieser Arbeit wird das Fitness-of-use Konzept auf die Verknüpfung von Form und Kontext mobiler Interaktionsgeräte mit dem Kontext des Einsatzes verknüpft.
General Information Mapping Problem	Eine Problembeschreibung aus dem Bereich der Benutzungsschnittstellenentwicklung, die besagt: „Für jede Information, die zwischen einem Anwender und einem System während der Ausführung einer Aufgabe ausgetauscht wird, sind die Eingabe- und Ausgabemodalitäten zu identifizieren, die eine optimale Lösung für die Repräsentation und des Austauschs dieser Information bieten."
Gestaltung	Gestaltung ist ein kreativer Schaffensprozess, bei dem eine Sache (ein materielles Objekt, eine Struktur, ein Prozess, eine Situation, ein Gedankengut etc.) verändert wird, d. h. erstellt, modifiziert oder entwickelt wird und dadurch eine bestimmte Form oder ein bestimmtes Erscheinungsbild verliehen bekommt oder annimmt.
Gestaltungsempfehlung	Eine auf Expertise basierende qualitative oder quantitative Empfehlung zur Gestaltung von Produkten und Diensten.
Gestaltungsrichtlinien	Eine Sammlung von anerkannten Vorgaben zur Gestaltung von Produkten und Diensten.
Human-Computer-Interaction (HCI)	Human-Computer-Interaction (HCI) bzw. Mensch-Computer-Interaktion ist ein Teilgebiet der Informatik und beschäftigt sich mit der benutzergerechten Gestaltung von interaktiven Systemen und Mensch-Maschine-Schnittstellen.

IBM SPSS Statistics	IBM SPSS Statistics ist ein Set von Daten- und prognostischen Analyse-Tools für Geschäftsbenutzer, Analysten und Statistik-Programmierer.
ICE-Tool	Interaction Constraints Evaluation Tool
Inclusive Design	Inclusive Design (barrierefreie Gestaltung) ist die Gestaltung von Produkten und Diensten, die durch die größtmögliche Anzahl von BenutzerInnen zugänglich und nutzbar sind ohne, dass diese einer Anpassung bedürfen.
Inclusive Design Toolkit	Eine Sammlung von Werkzeugen und Empfehlungen der University von Cambridge zur Gestaltung barrierefreier Produkte.
Interaction Contraints Model	Ein auf Regeln und Eigenschaften basierendes Modell zur Unterstützung der Entwicklung einer Benutzungsschnittstelle.
Initialmodell	Generischer Konstruktionsrahmen bzw. Grobstruktur eines zu erstellenden Modells.
Inferenz	Eine Inferenz ist aus einem formalen System automatisiert erstellte Folgerung.
Interaktion	Interaktion bezeichnet das wechselseitige Aufeinander einwirken von Akteuren oder Systemen.
Interaktionsressource	Zu den Interaktionsressourcen zählen Ein- und Ausgabegeräte.
Interaktionskomponente	Die Interaktionskomponente ist der Überbegriff für ein Eingabegerät, Ausgabegerät und/oder Kommunikations-gerät zur Unterstützung der Interaktion zwischen Mensch und Umgebung.
Interaktionscluster	Interaktionscluster sind Recheneinheiten oder Kommunikationsgeräte, die Interaktionsressourcen auf technischer Ebene verbinden.

Intelligentes Objekt	Ein intelligentes Objekt ist ein hybrides Objekte, das neben seiner eigentlichen Funktion, die technische Fähigkeit besitzt, Daten zu erfassen, zu speichern, zu verarbeiten und zu kommunizieren. Intelligente Objekte bilden die Grundlage für intelligente Produktionsumgebungen.
Intelligente Produktionsumgebung	Eine intelligente Produktionsumgebung ist ein Produktionsumfeld, das sich durch Wandlungsfähigkeit, Vernetzung, Selbst-organisation und Nutzerorientierung auszeichnet.
Interaktionsgerät	Ein Interaktionsgerät ist eine intermediäre, physische Benutzungsschnittstelle zur Unterstützung der Interaktion mit technischen Systemen.
Instanz	Eine Instanz repräsentiert ein Objekt in einer Ontologie und stellt das zur Verfügung stehende Wissen dar. Instanzen sind die Grundlage einer Ontologie.
Instandhaltung	Kombination aller technischen und administrativen Maßnahmen sowie Maßnahmen des Managements während des Lebenszyklus einer Betrachtungseinheit zur Erhaltung des funktionsfähigen Zustandes oder der Rückführung in diesen, so dass sie die geforderte Funktion erfüllen kann.
Instandsetzung	Maßnahmen zur Rückführung einer Betrachtungseinheit in den funktionsfähigen Zustand, mit Ausnahme von Verbesserungen.
Inspektion	Maßnahmen zur Feststellung und Beurteilung des Ist-zustandes einer Betrachtungseinheit einschließlich der Bestimmung der Ursachen der Abnutzung und dem Ableiten der notwendigen Konsequenzen für eine künftige Nutzung.

Interaktive Systeme	Interaktive Systeme bezeichnen jegliche Art von Geräten und Systemen mit denen Menschen interagieren können. Typische interaktive Systeme sind Hardware- und Software Benutzungsschnittstellen.
ISO 13407	Die EN ISO 13407 Benutzerorientierte Gestaltung interaktiver Systeme war eine Norm, die einen prototypischen benutzerorientierten Entwicklungsprozess beschreibt. Die EN ISO 13407 wurde im November 2000 in der deutschen Fassung als DIN-Norm veröffentlicht. Seit Januar 2011 ist als Ersatz für diese Norm die EN ISO 9241-210 gültig.
Jena	Jena ist ein in Java geschriebenes Open Source Framework für semantische Netze. Es bietet eine Programmierschnittstelle zum Laden und Speichern von Daten in Resource Description Framework (RDF) Graphen.
Kommunikationsgerät	Ein Kommunikationsgerät dient dem Informationsaustausch zwischen zwei oder mehreren Computern.
Konzeption	ist eine umfassende Zusammenstellung von Zielen und daraus abgeleiteten Strategien und Maßnahmen zur Umsetzung eines technischen Systems.
Kontext	Kontext ist jede Art von Information, die genutzt werden kann um die Situation einer Entität zu beschreiben. Kontext beschreibt die Aspekte der aktuellen Situation des Anwenders in einer Produktionsumgebung.
Kontextmodell	Ein Kontextmodell ist ein Informations-modell, das die Aspekte einer Situation beschreibt und diese miteinander verknüpft.
Kontextorientierte Benutzungsschnittstellen	Benutzungsschnittstellen, die Informationen über ihren Kontext benutzen, um ihr Verhalten darauf abzustimmen.

Klasse	Klassen beschreiben gemeinsame Eigenschaften verschiedener Instanzen eines Gegenstandbereichs und werden auch als Begriffe oder Objekttypen bezeichnet.
Limesurvey	Eine freie Online-Umfrage-Applikation, die es ermöglicht, ohne Programmierkenntnisse Online-Umfragen zu entwickeln, zu veröffentlichen sowie deren Ergebnisse in einer Datenbank zu erfassen.
Mobiles Interaktionsgerät (MIG)	Ein mobiles Interaktionsgerät (MIG) ist eine intermediäre, physische Benutzungsschnittstelle zur Unterstützung der mobilen Interaktion mit technischen Systemen. Mobile Interaktionsgeräte können Ausgabegeräte, Eingabegeräte oder Kommunikationsgeräte darstellen. Interaktionsgeräte, die zusätzlich die Anforderung der Mobilität erfüllen, werden als „mobile Interaktionsgeräte" bezeichnet.
Mobile Computing	Mobile Computing ist ein Oberbegriff für verschiedene Formen von Mobil-kommunikation. Unter Mobile Computing im engeren Sinn versteht man die Datenverarbeitung auf einem tragbaren Computer.
Methode	Eine Methode ist ein planmäßiges Verfahren zur Erreichung eines Zieles.
MES	Manufacturing Execution System
Mensch-Technik-Interaktion (MTI)	Die Mensch-Technik-Interaktion beschreibt einen interdisziplinären Forschungs- und Handlungsansatz für soziale und technische Innovationen, welche die Lebensqualität und gesellschaftliche Teilhabe älterer Menschen verbessern und allen Generationen im demografischen Wandel zugutekommen.
Mindmap	Mindmap ist eine kognitive Technik, die man z. B. zum Erschließen und visuellen Darstellen eines Themengebietes, zum Planen oder für Mitschriften nutzen kann.

Mobile Computing	Datenkommunikation eines mobil betriebenen Computers mit anderen stationären oder mobilen Computern.
Modell	Ein Modell ist ein beschränktes Abbild der Wirklichkeit.
Modellierungstechnik	Eine Modellierungstechnik ist eine methodische Vorgehensweise zur Modellierung eines Gegenstandsbereiches. Diese besteht aus einer formalen Modellierungssprache und unterstützende Softwarewerkzeuge.
Modellbasierter Ansatz	Ein Entwicklungsansatz, der auf die Nutzung von Modellen basiert.
Modellierungswerkzeug	Ein Softwarewerkzeug zur Unterstützung der Modellierung eines Gegenstandsbereiches.
Multimodale Interaktion	Multimodale Interaktion bezeichnet in der Informatik Interaktionsformen zwischen Menschen und Computern, bei denen mehrere Modalitäten verwendet werden.
Nutzermodell	Ein Nutzermodell beschreibt die Attribute, Rollen und Präferenzen einer Nutzerin bzw. eines Nutzers.
Objekt	Ein Objekt ist die Instanz einer Klasse.
Objektmodell	Ein Objektmodell beschreibt die Objekte einer intelligenten Produktionsumgebung.
Objekteigenschaften	Objekteigenschaften beschreiben die Relationen zwischen den Klassen in einer Ontologie.
Open World Assumption (OWA)	Open-World Assumption ist die Annahme, dass eine Aussage wahr ist, unabhängig ob bekannt ist, ob die Aussage tatsächlich wahr oder falsch ist.

Ontologie	Ontologien in der Informatik und in den Ingenieurswissenschaften sind explizite, sprachlich gefasste und formal geordnete Darstellungen einer Menge von Begrifflichkeiten und der zwischen ihnen bestehenden Beziehungen in einem bestimmten Gegenstandsbereich. Sie werden dazu genutzt, „Wissen" in digitalisierter und formaler Form zwischen Anwendungsprogrammen und Diensten auszutauschen.
Web Ontology Language (OWL)	Die Web Ontology Language (OWL) ist eine Spezifikation des World Wide Web Consortiums (W3C), um Ontologien anhand einer formalen Beschreibungssprache erstellen, publizieren und verteilen zu können.
PLM	Produkt Lebenszyklusmanagement
PDM	Produkt Datenmanagement
Plattformmodell	Das Plattformmodell ist ein notwendiges Teilmodell zur Spezifizierung technischer Merkmale und Eigenschaften eines mobilen Interaktionsgerätes.
Property	Eine Property ist die Eigenschaft einer Klasse, eines Objektes oder einer Instanz innerhalb einer Otnologie.
Prototypische Implementierung	Vorbildliche Umsetzung von festgelegten Strukturen, Prozessabläufen in einem System unter Berücksichtigung von Rahmen-bedingungen, Konzepten und Zielvorgaben.
Reasoning Engine	Eine Reasoning Engine (Inferenzmaschine) ist eine Software aus dem Bereich der künstlichen Intelligenz, die durch Schlussfolgerung neue Aussagen aus einer bestehenden Wissensbasis ableitet. Reasoning Engines sind meist Kernbestandteile von Expertensystemen und anderen wissensbasierten Systemen.
Relation	Eine Relation beschreibt die Beziehung zwischen Instanzen in einer Ontologie

Referenzmodell	Ein Referenzmodell ist ein Modell, das zur Wiederverwendung empfohlen oder faktisch zur Konstruktion weiterer Modelle wieder-verwendet wird.
Serviceprozess	Ein Serviceprozess ist eine präventive Maßnahme oder Tätigkeit zur Fehlerbehebung, welche durchgeführt wird um den Produktionsprozess zu unterstützen. Serviceprozesse zeichnen sich oft durch Aktivitäten aus, die ein erhöhtes Maß an Bewegungsfreiheit involvierter Akteure voraussetzen und selten an nur einem Ort gebunden sind.
Smart Factory	Smart Factory bezeichnet die Vision einer Produktionsumgebung, in der sich Fertigungsanlagen und Logistiksysteme ohne menschliche Eingriffe weitgehend selbst organisieren.
Tangible User Interface (TUI)	Ein Tangible User Interface ist eine anfassbare oder greifbare Benutzungsschnittstelle, die die Interaktion mit digitaler Information durch physische Objekte erlaubt.
Technik	Eine Technik bezeichnet einen operationalisierten Ansatz zur Modellerstellung.
Umgebungsmodell	Ein Umgebungsmodell beschreibt die vorherrschenden physischen, konzeptionellen und sozialen Bedingungen unter denen der Nutzer seine Aufgabe ausführt.
Ubiquitous Computing	Ubiquitous Computing bezeichnet die Allgegenwärtigkeit der rechnergestützten Informationsverarbeitung. Der Begriff wurde erstmals 1988 von Mark Weiser verwendet.
UICSM	User-Centred Interdisciplinary Concurrent Design Method
Unterklasse	Untergruppierung einer Klasse in einer Klassenstruktur einer Ontologie.

User-Centred Design	User-Centred Design (nutzerorientierte Gestaltung) zielt darauf ab, interaktive Produkte so zu gestalten, dass sie über eine hohe Gebrauchstauglichkeit (Usability) verfügen. Dies wird im Wesentlichen dadurch erreicht, dass der (zukünftige) Nutzer eines Produktes mit seinen Aufgaben, Zielen und Eigenschaften in den Mittelpunkt des Entwicklungsprozesses gestellt wird.
VDI 2221	VDI Richtlinie - Methodik zum Entwickeln und Konstruieren technischer Systeme und Produkte
Verteilte Benutzungsschnittstellen	Benutzungsschnittstelle, dessen Komponenten über eine oder mehrere Dimensionen Eingang, Ausgang, Plattform und Zeit verteilt sind.
VICON	Virtual User Concept for Inclusive Design of Consumer Products and User Interfaces. Ein Europäisches Forschungsprojekt von 2010-2013 im Rahmen des 7. Rahmenprogramms (FP7).
Vorgehensmodell	Ein Vorgehensmodell organisiert einen Prozess der gestaltenden Produktion in verschiedene, strukturierte Abschnitte, denen wiederum entsprechende Methoden und Techniken der Organisation zugeordnet sind. Aufgabe eines Vorgehensmodells ist es, die allgemein in einem Gestaltungsprozess auftretenden Aufgabenstellungen und Aktivitäten in einer sinnfälligen logischen Ordnung darzustellen.
Wartung	Maßnahmen zur Verzögerung des Abbaus des vorhandenen Abnutzungsvorrats.
Werkzeug	Hilfsmittel, das eine optimierte und vielfach auch automatisierte Anwendung einer Methode oder einer Technik unterstützt.

Wearable Computing

Wearable Computing (tragbare Daten-verarbeitung) ist das Forschungsgebiet, das sich mit der Entwicklung von tragbaren Computersystemen (Wearable Computer) beschäftigt.

Work Situation Model

Modell zur Darstellung von Arbeits-situationen. Es definiert die Bedingungen unter denen Interaktionen mit Interaktions-geräten stattfinden.

10 Anhang

10.1 Beschreibung der Aufgabenkataloge

Tabelle 14: Detaillierte Beschreibung der Aufgabenkataloge

Aufgabenkatalog Wartung

Als Wartung werden gemäß DIN 31051 Maßnahmen zur Verzögerung des Abbaus des vorhandenen Abnutzungsvorrates der Betrachtungseinheit verstanden. Die Wartung wird in regelmäßigen Abständen und häufig von ausgebildetem Fachpersonal durchgeführt. So kann eine möglichst lange Lebensdauer und ein geringer Verschleiß der gewarteten Objekte gewährleistet werden. Die Wartung umfasst z.B. Nachstellen, Schmieren, Konservieren, Nachfüllen oder Ersetzen von Betriebsstoffen oder Verbrauchsmitteln (z.B. Kraftstoffe, Schmierstoffe) und planmäßiges Austauschen von Verschleißteilen (z.B. Filter oder Dichtungen).

Prüfen - Vergleich des Istzustandes mit einem Normzustand. Dieses kann durch einen Mitarbeiter durch eine Sichtprüfung erfolgen. Dann sollte das Gerät z.B. die, Normen, Vergleichsdaten und Arbeitsschritte aufzeigen um den Nutzer zu unterstützen. Eine digitale Prüfung kann durch das Auslesen von Daten und deren Vergleich mit genormten Werten erfolgen.

Nachstellen - Istzustand auf einen genormten Zustand führen. Diese Tätigkeit kann durch den Mitarbeiter über manuelle Tätigkeiten erfolgen. Hier sollte das Gerät dann wie beim Prüfen wieder Informationen bereitstellen um den Nutzer zu assistieren. Digital kann man dieses über das Regeln oder Steuern von Arbeitsprozessen erreichen.

Ergänzen - von bestimmten Stoffen bis zu einer festgelegten Grenze auffüllen. Als Ergänzen wird das Auffüllen von Betriebsstoffen beschrieben. Bei manueller Ausführung sollen Normen, Arbeitsschritte aufzeigt werden, um den Nutzer zu unterstützen. Bei einem digitalen Einsatz kann man mit einem mobilen Gerät Ergänzungsprozesse steuern, regeln oder überwachen. Wenn das Gerät durch Messung einen niedrigen Füllstand im Tank 1 bemerkt, kann es automatisch den 2. Tank für den jeweiligen Betriebsstoff öffnen.

Reinigen - Wiederherstellung eines Sollzustandes. Wenn diese Tätigkeit manuell erfolgt, soll das Gerät Hinweise zur Reinigung und Arbeitsschritte aufzeigen. Digital kann dieses durch eine Prozesssteuerung erfolgen, z.B. durch das Einbringen einer Reinigungs-flüssigkeit durch eine Steuerdüse.

Funktionsprüfung – Erfüllung der geforderten Funktion. Bei einer manuellen Durchführung einer Funktionsprüfung sollen Arbeitsschritte und Hinweise zur Überprüfung anzeigen. Bei einer Durchführung mit dem Gerät sollen Parameter verglichen und verschieden Funktionsprozesse gesteuert werden.

Aufgabenkatalog Inspektion

Bei technischen Systemen ist die Inspektion ein Bestandteil der Instandhaltung. Gemäß DIN 31051 umfasst die Inspektion Maßnahmen zur Beurteilung des Ist-Zustandes von technischen Mitteln eines Systems.

Messen ist das Ausführen von geplanten Tätigkeiten zu einer quantitativen Aussage über eine Messgröße durch Vergleich mit einer genormten Einheit. Diese kann analog mit einer Messeinrichtung, wie etwa einer Schablone erfolgen. Auch hier kann das Gerät wieder Arbeitsschritte aufzeigen. Mit dem Interaktionsgerät werden Parameter ausgelesen und dann mit genormten Größen verglichen.

Beurteilen ein Zustand muss sich innerhalb bestimmter Parametergrenzen bewegen, von einem Mitarbeiter durch eine Sichtprüfung oder einem Messvorgang durchgeführt. Hier soll ein das Interaktionsgerät wieder Hinweise und Arbeitsschritte, sowie genormte Parameter anzeigen. Auch eine digitale Beurteilung muss mit einem Messvorgang beginnen. Hierzu soll das Gerät die Parameter auslesen und dann mit vorgegebenen Daten vergleichen.

Ableiten von Konsequenzen - eine Auswertung durchführen. In Zusammenarbeit mit dem Gerät kann ein Mitarbeiter Folgemaßnahmen bewirken und Entscheidungen treffen.

Aufzeigen von Verbesserung. Hier kann das Gerät bestimmte Vorschläge aus Datenbanken ableiten, um dem Mitarbeiter Lösungsvorschläge zu unterstützen.

Aufgabenkatalog Instandsetzung

Unter dem Aufgabenkatalog Instandsetzung wird der Vorgang verstanden bei dem ein defektes Objekt in den ursprünglichen, funktionsfähigen Zustand zurückversetzt wird.

Unter den Aktivitäten der **Ausbesserung** gehören die Erneuerung, die Reparatur von Baugruppen vor Ort, sowie das Einstellen von Bauteilen oder Werkzeugen. In dem Modellansatz soll dieser Punkt so beschrieben werden, dass Arbeitsschritte und Hinweise für die Reparaturen über das mobile Interaktionsgerät angezeigt werden können.

Der Vorgang des **Austauschens** beinhaltet, defekte Baugruppen durch neue/reparierte Baugruppen auszuwechseln. Arbeitsschritte und Hinweise für die Reparaturen sollten über das mobile Interaktionsgerät angezeigt werden.

Aufgabenkatalog Verbesserung

Dieser Aufgabenkatalog soll eine Kombination aller technischen und administrativen Maßnahmen sowie Maßnahmen des Managements zur Steigerung der Funktionssicherheit einer Betrachtungseinheit darstellen. In dieser Gruppe der Instandhaltung soll das Gerät unterstützende Elemente bereitstellen. Diese dienen zur Vorbereitung verschiedener Durchführung wie Kalkulation, Terminplanung, Abstimmung, Bereitstellung von Personal, Mitteln und Material, Erstellung von Arbeitsplänen. Des Weiteren können Vorwegmaßnahmen wie Arbeitsplatzausrüstung, Schutz- und Sicherheitseinrichtungen beschrieben werden.

10.2 Online-Fragebogen

Online-Fragebogen zur Evaluation einer
Gestaltungsmethode zur Modellierung mobiler
Interaktionsgeräte für intelligente
Produktionsumgebungen

Vielen herzlichen Dank, dass Sie sich für diese Evaluation Zeit nehmen!

Im Rahmen meiner Dissertation, habe ich eine Gestaltungsmethode zur Modellierung mobiler Interaktionsgeräte entwickelt.
Hintergrund der Methode ist die konzeptionelle Unterstützung der frühen Entwurfsphase von Hardware-Benutzungsschnittstellen zur Mensch-Technik-Interaktion. Wesentlicher Bestandteil der Gestaltungsmethode ist ein Modellierungswerkzeug, was eine Konfiguration einer typischen Arbeitssituation in einer Produktionsumgebung ermöglicht.
Als Ergebnis erhält der Modellierer textbasierte Gestaltungsempfehlungen für die Auswahl und Auslegung angemessener Interaktionskomponenten für das einzusetzende mobile Interaktionsgerät.

Bitte schenken Sie mir ca. 25 Minuten Ihrer Zeit um die Qualität und den Nutzen der Gestaltungsmethode mit Hilfe eines Modellierungswerkzeuges zu bewerten.

Diese Umfrage umfasst das Testen eines Modellierungswerkzeuges, sowie das Beantworten von 22 Fragen.
Pflichtfragen sind mit einem * markiert.

Die Umfrage ist bis zum 22.04.2013, 12 Uhr Online geschaltet.

Falls Sie Fragen haben sollten, können Sie mich jederzeit kontaktieren:
kir@biba.uni-bremen.de

Zwischengespeicherte Umfrage laden

Weiter ▶

0% [▭▭▭▭▭▭▭▭▭▭▭] 100%

Einverständniserklärung

Wenn Sie "Ich stimme zu" oder einen anderen Button anklicken, der Ihr Einverständnis zu diesen Datenschutz- und Nutzungsbedingungen abfragt, dann akzeptieren Sie unsere Datenschutz- und Nutzungsbedingungen und geben Ihr Einverständnis zu den folgenden Punkten:
Sie stimmen zu und geben damit Ihr Einverständnis zur Datenerfassung, Datenerhebung, Datenverarbeitung, Datenverwendung, Datenauswertung und Datenveröffentlichung der Befragungsdaten, wie in diesen Datenschutz- und Nutzungsbedingungen beschrieben, inklusive der Verwendung für Forschungszwecke und Präsentation.
Diese Umfrage wird anonym durchgeführt.

☐ Ich stimme den <u>Datenschutz</u>- und Nutzungsbedingungen dieser Online-Befragung zu.

| Später fortfahren |

| ‹ Zurück | | Weiter › |

| Umfrage verlassen und Antworten löschen |

0% [⬜⬜⬜⬜⬜⬜⬜] 100%

* Frage 01:

Die folgenden Fragen dienen dazu festzustellen, welche Methoden Sie verwenden, um die Anforderungen von Kunden bei der Produktentwicklung (z.B. Entwicklung von Benutzungsschnittstellen) zu berücksichtigen.

Mehrfachantworten sind möglich.

Bitte wählen Sie einen oder mehrere Punkte aus der Liste aus.

☐ Erstellen einer Checkliste für die Benutzungsschnittstellen-Konzeption, die die notwendigen Schlüsselfunktionalitäten der Schnittstelle beschreibt. Diese Checkliste wird während dem gesamten Gestaltungsprozess verwendet (Qualitätsfunktionen-Darstellung (QFD))

☐ Kreation eines nicht-funktionalen Prototypen (z.B. Papierprototypen oder Mock-ups) von Benutzungsschnittstellen, und das testen dieser zusammen mit Kunden

☐ Entwerfen von Benutzungsschnittstellen und Evaluation gemeinsam mit Kunden (Konzepttests)

☐ Erstellen funktionaler Prototypen von Benutzungsschnittstellen und Evaluation in Zusammenarbeit mit Kunden (Betatests)

☐ Zielkunden entwickeln die ersten Entwürfe der Benutzungsschnittstellen in Kooperation mit Produktentwicklern

☐ Kooperation mit „trendführenden Kunden" (lead users), welche maßgeblich an der Entwicklung der Benutzungsschnittstellen beteiligt sind

☐ Orientierung an aktuellen Trend- und Marktstudien, sowie an aktuellen Entwicklungen der Mitbewerber

☐ Integration der Kundenanforderungen im Produktentwicklungsprozess auf eine andere Art und Weise (Erläutern Sie bitte im Textfeld unten die Art der Methoden, Techniken und Werkzeuge die hier zum Einsatz kommen.)

0% ▭▭▭▭▭▭▭ 100%

Frage 02:

Was bedeutet für Sie die kontextorientierte Gestaltung* von Produkten? (Hardware, Software)

Verwenden Sie bitte das nachfolgende Feld für Ihren Text.

* Mit kontextorientierte Gestaltung ist die Gestaltung von Produkten gemeint, unter Einbeziehung von Aspekten der Situation, wo diese Produkte später eingesetzt werden sollen.
Beispiel: Die großen Tasten und das gut ablesbare Display an einem Seniorentelefon.

Später fortfahren   ‹ Zurück   Weiter ›

Umfrage verlassen und Antworten löschen

0% [▭▭▭▭▭▭] 100%

Starten des Modellierungswerkzeuges:

Zur erfolgreichen Durchführung der Evaluation ist es im Vorfeld erforderlich das Modellierungswerkzeug auf Ihrem Rechner zu starten. Hierzu gehen Sie bitte wie folgt vor:

1. Stellen Sie sicher, dass Sie JAVA auf Ihrem System installiert haben. Falls JAVA bei Ihnen nicht installiert ist, können Sie JAVA hier herunterladen.
Führen Sie nach dem Herunterladen die JAVA Installation aus und folgen Sie den Installationsanweisungen

2. Zum starten des Modellierungswerkzeuges, laden Sie bitte über diesen Link die ausführbare Datei herunter.

3. Führen Sie die Datei mit einem Doppelklick aus.

4. Daraufhin startet nach ca. 5-6 Sekunden das Modellierungswerkzeug.

5. Sie sehen nun folgende Benutzungsoberfläche:

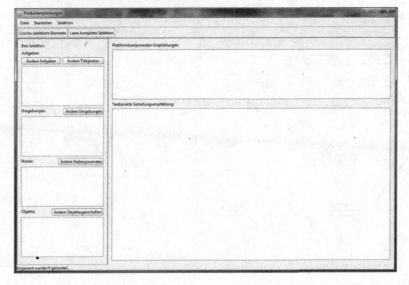

0% [▭▭▭▭▭▭▭▭] 100%

Machen Sie sich nun bitte mit den Funktionen des Modellierungswerkzeuges vertraut,
auf der nächsten Seite folgt ein kurzes Fallbeispiel, welches es damit zu modellieren
gilt.
(über die "zurück"-Schaltflächen am Ende der nächsten Seite können Sie zu dieser
zurückkehren)

Das Modellierungswerkzeug greift auf ein vordefiniertes Ontologiedatenmodell
zurück.
Das Modell verwaltet eine Beschreibung der potenziellen Tätigkeiten,
Umgebungsbedingungen, und Nutzerprofile, innerhalb einer intelligenten
Produktionsumgebung. Es werden auf Basis dieser Daten, Gestaltungsempfehlungen
für die Konzeption angemessener mobiler Interaktionsgeräte abgeleitet.
Als Ergebnis erhalten Sie Gestaltungsempfehlungen eines mobilen
Interaktionsgerätes für das von Ihnen konfigurierte Fallbeispiel. In sukzessiver
Reihenfolge wählen Sie unter „Selektion" zu dem Anwendungsszenario passende
Aufgaben/Tätigkeiten, Umgebungen, Nutzer, und Objekte aus. Die Auswahl der
Elemente erfolgt über Checkboxen.

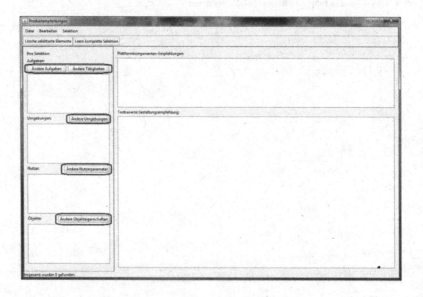

Bei einer falschen Eingabe haben Sie die Möglichkeit unter „Bearbeiten" die
ausgewählte oder gesamte Selektion wieder zu löschen. Eine Auswahl mehrerer
Elemente gleichzeitig ist möglich (Strg + Auswahl).

Nach jeder Auswahl erscheinen im rechten Fenster des Modellierungswerkzeuges Plattformkomponenten-Empfehlungen, sowie Informationen über die Priorität, die Quelle und eine Zusammenfassung.

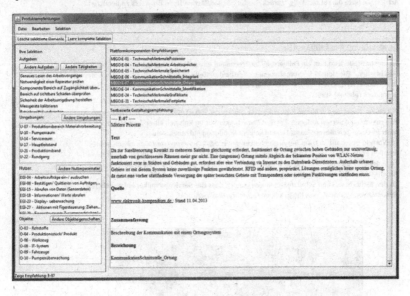

Zur anschließenden Konfiguration des Szenarios empfiehlt es sich das Fallbeispiel parallel als PDF zu öffnen.
Über die "zurück"-Schaltfläche am Ende der Seite, gelangen Sie bei Bedarf zurück zur Anleitung. Achten Sie bitte darauf nicht die "zurück/weiter"-Schaltflächen Ihres Browsers zu benutzen.

Beschreibung des Fallbeispiels:

An dieser Stelle wird nun ein Fallbeispiel basierend auf einem Rundgang in einem Kernkraftwerk beschrieben. Die kursiv hervorgehobenen Textbestandteile sollen den Konfigurationsprozess des Modellierungswerkzeugs vereinfachen, da sie für das beschriebene Szenario besonders relevant sind.

Bei einem *Rundgang* in einem Kernkraftwerk gibt es ca. 500 - 1000 manuell zu erfassende *Messwerte* an diversen Anlagen. Ein Servicetechniker hat im Rahmen einer *Inspektion* den Auftrag einen Teil dieser Messdaten auf seinem Rundgang aufzunehmen.
Im Vorfeld beschafft sich der Servicetechniker einen *digitalen Arbeitsauftrag* mittels seines mobilen Endgerätes, welchen er manuell *einbucht* und aktiviert. Zu dem Auftrag gehört eine Liste der aufzunehmenden und zu *messenden Werte* an bestimmten Arbeitsstellen. Typische Arbeitsstellen bei einem Rundgang sind z.B. *Pumpen, Reaktor- oder Kühlwasseranlage.*
Zu den Sicherheits- und Schutzmaßnahmen gehört, dass der Servicetechniker entsprechende *Schutzkleidung* anlegt, was ihn in seiner *Feinmotorik einschränkt.*

Die Ankunft des Servicetechnikers an der ersten Arbeitsstelle wird durch *Scannen einer Wertenummer* mit Abfrage des Betriebsstatus (z.B. Abfrage von Druck- und Temperaturwerte), wird zwischen dem mobilen Endgerät und der Anlage eine drahtlose Verbindung aufgebaut. So werden die *Sensordaten der Anlage abgerufen* und auf das mobile Endgerät übertragen. Die empfangenen *Messdaten* werden anschließend mit den *Referenzwerten in einer externen Datenbank* verglichen.
Ziel ist es abzuwägen, ob eine Anpassung der Parameter an dem Redundanzsystem der Anlage erforderlich ist. Im Falle der Anpassung gibt der Servicetechniker die korrigierten Werte manuell in sein mobiles Endgerät ein. Per Funkübertragung werden die neuen *Werte in das Redundanzsystem eingelesen.* Aufgrund der *Arbeitshandschuhe* des Servicetechnikers, ist es nicht möglich die Daten per konventionelle Tastatur einzugeben. Aus diesem Grund, werden die *Systemeingaben per Sprachbefehl* durchgeführt.
Bei Unstimmigkeiten, z.B. wenn Abweichungen erkannt worden, die außerhalb des Toleranzbereiches liegen, wird eine *Störmeldung* geschrieben. Wurden alle Werte aufgenommen, werden die *Ergebnisse digital dokumentiert, abgespeichert* und über das Firmen-Funknetz *in die externe Datenbank übertragen.* Hier stehen die Ergebnisse des Rundganges der Fachabteilung zur Verfügung.
Nach Beendigung des Rundganges, also wenn der Arbeitsauftrag erfüllt ist, *quittiert der Servicetechniker den Arbeitsauftrag* und bucht diesen aus seinem System wieder aus.

Bitte modellieren Sie jetzt das Fallbeispiel, indem Sie die Arbeitssituation mit dem Modellierungswerkzeug entsprechend konfigurieren.

0% ▬▬▭▭▭▭ 100%

* Frage 03:

Halten Sie kontextbasierte Unterstützung bei der Konzeption von Benutzungsschnittstellen für hilfreich?

	gar nicht	eher nicht	genau richtig	eher doch	voll und ganz
hilfreich	○	○	○	○	○

| Später fortfahren | | ‹ Zurück | Weiter › |

| Umfrage verlassen und Antworten löschen |

0% ▬▬▭▭▭▭ 100%

Frage 04:

* 4.1 Hatten Sie Schwierigkeiten bei der Umsetzung des vorgegebenen Fallbeispiels?

○ Ja   ○ Nein

4.2 Wenn ja, bitte beschreiben Sie nachfolgend die Art der Schwierigkeiten.

| Später fortfahren | | ‹ Zurück | Weiter › |

| Umfrage verlassen und Antworten löschen |

0% ▭▭▭▭ 100%

* Frage 05:

Bewerten Sie bitte die Relevanz folgender Kontextelemente des Modellierungswerkzeuges im Hinblick auf den Entwurf einer für Sie angemessenen Benutzungsschnittstelle.

	ganz und gar nicht relevant	mäßig relevant	relevant	sehr relevant	über alle Maßen relevant
Aufgaben	○	○	○	○	○
Umgebungen	○	○	○	○	○
Nutzer	○	○	○	○	○
Objekte	○	○	○	○	○

Später fortfahren   ‹ Zurück   Weiter ›

Umfrage verlassen und Antworten löschen

0% ▭▭▭▭▭ 100%

Frage 06:

* 6.1 Wie bewerten Sie die Anzahl der möglichen Szenarien (Arbeitssituationen) für Produktionskontexte?

	ganz und gar nicht ausreichend	nicht ausreichend	ausreichend	eher ausreichend	voll und ganz ausreichend
Anzahl der wählbaren Szenarien	○	○	○	○	○

6.2 Falls Sie bei den Szenarien bestimmte Aspekte vermisst haben, führen Sie bitte aus, welche Aspekte dies sind:

Später fortfahren · Zurück Weiter ›

Umfrage verlassen und Antworten löschen

0% [▭▭] 100%

Frage 07:

* 7.1 Wie bewerten Sie Ihre Zufriedenheit mit der Handhabung des Modellierungswerkzeuges?

	ganz und gar nicht zufrieden	eher nicht zufrieden	teils-teils	eher zufrieden	voll und ganz zufrieden
Zufriedenheit	○	○	○	○	○

7.2 Wenn Sie unzufrieden waren, führen Sie bitte aus warum:

[Später fortfahren]   ‹ Zurück   Weiter ›

[Umfrage verlassen und Antworten löschen]

0% [▭▭] 100%

* Frage 08:

Wie bewerten Sie die Angemessenheit der Gestaltungsempfehlungen für das konfigurierte Fallbeispiel?

	ganz und gar nicht angemessen	nicht angemessen	teils-teils	eher angemessen	voll und ganz angemessen
Gestaltungsempfehlungen	○	○	○	○	○

[Später fortfahren]   ‹ Zurück   Weiter ›

[Umfrage verlassen und Antworten löschen]

0% [⬛⬛⬛   ] 100%

Frage 09:

* 9.1 Wie bewerten Sie Ihre Zufriedenheit mit dem "Look & Feel" des Modellierungswerkzeuges?

	ganz und gar nicht zufrieden	eher nicht zufrieden	teils-teils	eher zufrieden	voll und ganz zufrieden
Zufriedenheit	○	○	○	○	○

9.2 Wenn Sie unzufrieden waren, führen Sie bitte aus warum:

```
                                                                    ∧


                                                                    ∨
```

| Später fortfahren | | ‹ Zurück | Weiter › |

| Umfrage verlassen und Antworten löschen |

0% [⬛⬛⬛   ] 100%

* Frage 10:

Sind die vorgeschlagenen Gestaltungsempfehlungen für Ihre Arbeit hilfreich?

	ganz und gar nicht hilfreich	eher nicht hilfreich	teils-teils	eher hilfreich	voll und ganz hilfreich
Empfehlungen	○	○	○	○	○

| Später fortfahren | | ‹ Zurück | Weiter › |

| Umfrage verlassen und Antworten löschen |

0% [████████░░░░░░] 100%

* Frage 11:

Erachten Sie bei der Entwicklung von Technologien die Einbeziehung von Arbeitssituationen als sinnvoll?

○ Ja   ○ Nein

[Später fortfahren]   ‹ Zurück   Weiter ›

[Umfrage verlassen und Antworten löschen]

0% [████████░░░░░░] 100%

Frage 12:

* 12.1 Sind die vorgeschlagenen Gestaltungsempfehlungen für Sie nachvollziehbar?

	ganz und gar nicht nachvollziehbar	eher nicht nachvollziehbar	teils-teils	eher nachvollziehbar	voll und ganz nachvollziehbar
Nachvollziehbarkeit	○	○	○	○	○

12.2 Wenn die Gestaltungsempfehlungen für Sie nicht nachvollziehbar waren, beschreiben Sie bitte warum:

```



```

[Später fortfahren]   ‹ Zurück   Weiter ›

[Umfrage verlassen und Antworten löschen]

0% [▭▭▭▭▭] 100%

Frage 13:

* 13.1 Waren die Informationen in den vorgeschlagenen Gestaltungsempfehlungen ausreichend für die Konzeption einer angemessenen Benutzungsschnittstelle? Bitte bewerten Sie Ihre Zufriedenheit mit dem Informationsgehalt.

	ganz und gar nicht zufrieden	eher nicht zufrieden	teils-teils	eher zufrieden	voll und ganz zufrieden
Zufriedenheit	○	○	○	○	○

13.2 Falls Sie eine Idee haben wie der Informationsgehalt der Gestaltungsempfehlungen verbessert werden kann, beschreiben Sie bitte nachfolgend diese.

```
                                                                              ⌃


                                                                              ⌄
```

Später fortfahren   ‹ Zurück   Weiter ›

Umfrage verlassen und Antworten löschen

0% [▭▭▭▭▭] 100%

Frage 14:

* 14.1 Die Priorisierung der vorgeschlagenen Empfehlungen empfand ich als:

	ganz und gar nicht nachvollziehbar	eher nicht nachvollziehbar	teils-teils	eher nachvollziehbar	voll und ganz nachvollziehbar
Priorisierung	○	○	○	○	○

14.2 Falls Sie Vorschläge haben, wie die Priorisierung der vorgeschlagenen Gestaltungsempfehlungen besser umgesetzt werden könnte, beschreiben Sie diese bitte nachfolgend.

[   ]

[Später fortfahren]   ‹ Zurück   Weiter ›

[Umfrage verlassen und Antworten löschen]

0% ▭▭▭▭▭▭▭▭ 100%

Frage 15:

* 15.1 Die Aufbereitung der vorgeschlagenen Empfehlungen empfand ich als:

	ganz und gar nicht angemessen	nicht angemessen	angemessen	eher angemessen	voll und ganz angemessen
visuelle Aufbereitung	○	○	○	○	○

15.2 Falls Sie Vorschläge haben, wie die Aufbereitung der vorgeschlagenen Empfehlungen besser umgesetzt werden könnte, beschreiben Sie diese bitte nachfolgend.

```



```

Später fortfahren   ‹ Zurück   Weiter ›

Umfrage verlassen und Antworten löschen

0% [▬▬▬▬▬] 100%

Frage 16:

* 16.1 Wie bewerten Sie den Umfang der Funktionen des Modellierungswerkzeuges?

	ganz und gar nicht ausreichend	eher nicht ausreichend	teils-teils	eher ausreichend	voll und ganz ausreichend
Umfang der Funktionen	○	○	○	○	○

16.2 Falls Sie Funktionen vermisst haben, nennen Sie uns diese bitte nachfolgend.

Später fortfahren | ‹ Zurück | Weiter ›

Umfrage verlassen und Antworten löschen

0% [▬▬▬▬▬] 100%

* Frage 17:

Können Sie sich vorstellen, dass dieses Modellierungswerkzeug die Konzeption von Benutzungsschnittstellen beschleunigen kann?

○ Ja ○ Nein

Später fortfahren | ‹ Zurück | Weiter ›

Umfrage verlassen und Antworten löschen

0% [▭▭▭▭▭▭▭] 100%

* Frage 18:

Können Sie sich vorstellen, dass dieses Modellierungswerkzeug die Konzeption von Benutzungsschnittstellen qualitativ verbessern kann?

○ Ja   ○ Nein

Später fortfahren   ‹ Zurück   Weiter ›

Umfrage verlassen und Antworten löschen

0% [▭▭▭▭▭▭▭] 100%

Frage 19:

* 19.1 Können Sie sich vorstellen dieses Modellierungswerkzeug in Ihrer Arbeit zu verwenden?

○ Ja   ○ Nein

19.2 Wenn ja, bitte beschreiben Sie nachfolgend bei welchen Aufgaben Sie dies tun würden.

19.3 Haben Sie konkrete Vorschläge, wie dieses Modellierungswerkzeug Ihren Workflow unterstützen könnte?

Später fortfahren   ‹ Zurück   Weiter ›

Umfrage verlassen und Antworten löschen

0% ▭▭▭▭▭ 100%

* Frage 20:

Wie gut kennen Sie sich in der benutzerzentrierten Entwicklung von Produkten aus?

ganz und gar nicht	eher wenig	teils-teils	eher besser	sehr gut
○	○	○	○	○

| Später fortfahren | | ‹ Zurück | Weiter › |

Umfrage verlassen und Antworten löschen

0% ▭▭▭▭▭ 100%

* Frage 21:

Für was für ein Unternehmen arbeiten Sie?

Bitte wählen Sie eine der folgenden Antworten:

○ Benutzungsschnittstellen (User Interface) Konzeption und Entwicklung

○ Unternehmen mit Fokus auf die Entwicklung mobiler Technologien

○ Produktionsunternehmen

○ Forschungsinstitut mit Fokus auf Mensch-Technik-Interaktion

○ Beratungsunternehmen

○ Anderes [＿＿＿＿＿＿]

| Später fortfahren | | ‹ Zurück | Weiter › |

Umfrage verlassen und Antworten löschen

0% [============] 100%

Frage 22:

Gibt es Ihrerseits Kommentare, Meinungen oder Verbesserungsvorschläge zu dem Modellierungswerkzeug?

[Später fortfahren]   ‹ Zurück   Weiter ›

[Umfrage verlassen und Antworten löschen]

0% [============] 100%

* Sind Sie einverstanden, dass ich in meiner Dissertation erwähne, dass Sie (Firmenname/Institution) an der Evaluation teilgenommen haben?

○ Ja   ○ Nein

Name der Firma/Institution:

Sie können mich auch persönlich unter kir@biba.uni-bremen.de erreichen.

[Später fortfahren]   ‹ Zurück   Absenden

[Umfrage verlassen und Antworten löschen]

10.3 Auswertung der Evaluationsergebnisse

Frage 3: Halten Sie kontextbasierte Unterstützung bei der Konzeption von Benutzungsschnittstellen für hilfreich?

Frage 4: Hatten Sie Schwierigkeiten bei der Umsetzung des vorgegebenen Fallbeispiels?

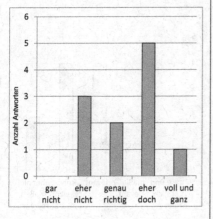

Abbildung 58: Auswertung von Frage 3

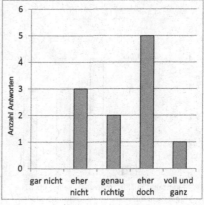

Abbildung 59: Auswertung von Frage 4

Frage 5.1: Bewerten Sie bitte die Relevanz folgender Kontextelemente des
Modellierungswerkzeuges im Hinblick
auf den Entwurf einer für Sie angemessenen Benutzungsschnittstelle
[Aufgaben].

Frage 5.2: Bewerten Sie bitte die Relevanz folgender Kontextelemente des
Modellierungswerkzeuges im Hinblick
auf den Entwurf einer für Sie angemessenen Benutzungsschnittstelle [Umge-
bungen].

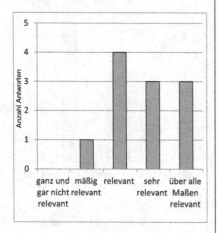

Abbildung 60: Auswertung von Frage 5.1

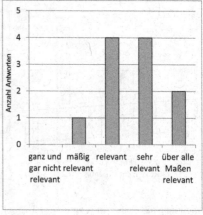

Abbildung 61: Auswertung von Frage 5.2

Frage 5.3: Bewerten Sie bitte die Relevanz folgender Kontextelemente des Modellierungswerkzeuges im Hinblick auf den Entwurf einer für Sie angemessenen Benutzungsschnittstelle [Nutzer].

Frage 5.4: Bewerten Sie bitte die Relevanz folgender Kontextelemente des Modellierungswerkzeuges im Hinblick auf den Entwurf einer für Sie angemessenen Benutzungsschnittstelle [Objekte].

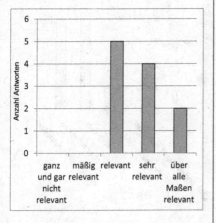

Abbildung 62: Auswertung von Frage 5.3

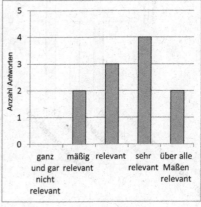

Abbildung 63: Auswertung von Frage 5.4

Frage 06: Wie bewerten Sie die Anzahl der möglichen Szenarien (Arbeitssituationen) für Produktionskontexte?

Frage 07: Wie bewerten Sie Ihre Zufriedenheit mit der Handhabung des
Modellierungswerkzeuges?

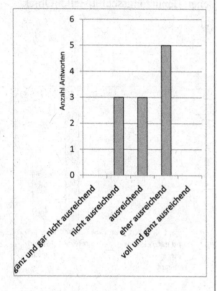

Abbildung 64: Auswertung von Frage 6

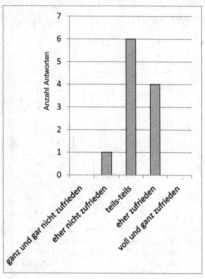

Abbildung 65: Auswertung von Frage 7

Frage 08: Wie bewerten Sie die Angemessenheit der Gestaltungsempfehlungen für das konfigurierte
Fallbeispiel?

Frage 09: Wie bewerten Sie Ihre Zufriedenheit mit dem "Look & Feel"
des Modellierungswerkzeuges?

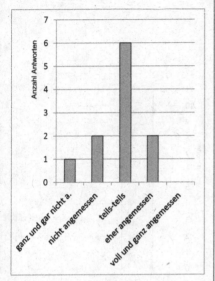

Abbildung 66: Auswertung von Frage 8

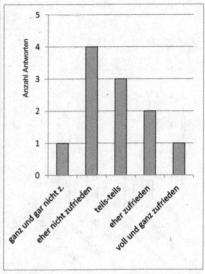

Abbildung 67: Auswertung von Frage 9

Frage 10: Sind die vorgeschlagenen Gestaltungsempfehlungen für Ihre Arbeit hilfreich?

Frage 11: Erachten Sie bei der Entwicklung von Technologien die Einbeziehung von Arbeitssituationen als sinnvoll?

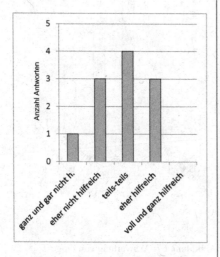

Abbildung 68: Auswertung von Frage 10

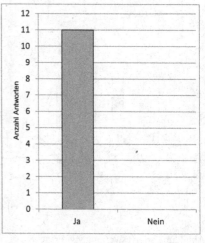

Abbildung 69: Auswertung von Frage 11

Frage 12: Sind die vorgeschlagenen Gestaltungsempfehlungen für Sie nachvollziehbar?

Frage 13: Waren die Informationen in den vorgeschlagenen Gestaltungsempfehlungen ausreichend für die Konzeption einer angemessenen Benutzungsschnittstelle?
Bitte bewerten Sie Ihre Zufriedenheit mit dem Informationsgehalt.

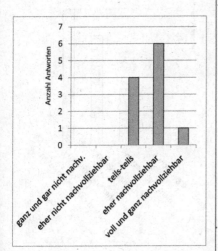

Abbildung 70: Auswertung von Frage 12

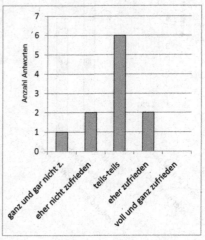

Abbildung 71: Auswertung von Frage 13

Frage 14: Die Priorisierung der vorgeschlagenen Empfehlungen empfand
ich als:

Frage 15: Die Aufbereitung der vorgeschlagenen Empfehlungen empfand ich
als:

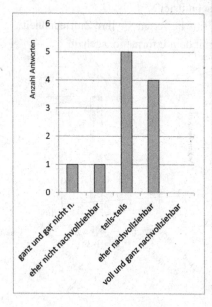

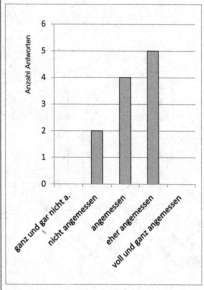

Abbildung 72: Auswertung von Frage 14

Abbildung 73: Auswertung von Frage 15

Frage 16: Wie bewerten Sie den Umfang der Funktionen des Modellierungswerkzeuges?

Frage 17: Können Sie sich vorstellen, dass dieses Modellierungswerkzeug die Konzeption von Benutzungsschnittstellen beschleunigen kann?

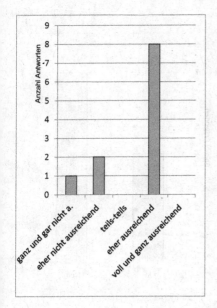

Abbildung 74: Auswertung von Frage 16

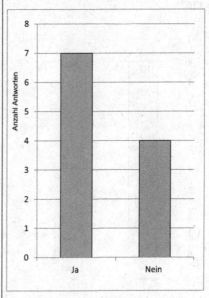

Abbildung 75: Auswertung von Frage 17

Frage 18: Können Sie sich vorstellen, dass dieses Modellierungswerkzeug die Konzeption von Benutzungs- schnittstellen qualitativ verbessern kann?

Frage 19: Können Sie sich vorstellen dieses Modellierungswerkzeug in Ihrer Arbeit zu verwenden?

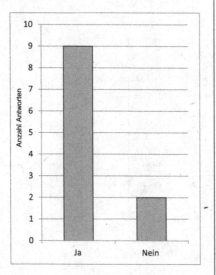

Abbildung 76: Auswertung von Frage 18

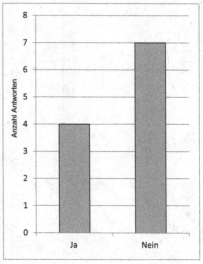

Abbildung 77: Auswertung von Frage 19

Frage 20: Wie gut kennen Sie sich in
der benutzerzentrierten Entwicklung
von Produkten aus?

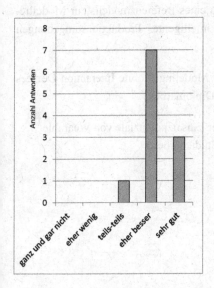

Abbildung 78: Auswertung von Frage 20

10.4 Studentische Arbeiten

In der vorliegenden Arbeit sind Ergebnisse enthalten, die im Rahmen der Betreuung folgender studentischer Arbeiten entstanden sind:

- Wojciech Gdaniec (2007): Entwicklung eines Referenzmodells zur Modellierung mobiler Interaktionsgeräte für intelligente Produktionsumgebungen (Diplomarbeit)

- Emanuel Angelescu (2009): A Tool for Modeling Mobile Interaction Devices for Intelligent Production Environments (Diplomarbeit)

- Sang-Hwa Lee (2011): Untersuchung der Einsatzpotenziale von Wearable Computing in Kernkraftwerkprozessen (Studienarbeit)

Printed in the United States
By Bookmasters